医学影像专业特色系列教材

信号与系统实验

U0263264

主　编　徐春环

副主编　周鸿锁　包　娟

编　者（按姓氏笔画排序）

王　红（哈尔滨医科大学）　　王亚平（辽宁医学院）

仇　惠（牡丹江医学院）　　包　娟（哈尔滨学院）

张艳洁（牡丹江医学院）　　杨艳芳（牡丹江医学院）

周志尊（牡丹江医学院）　　周鸿锁（牡丹江医学院）

徐春环（牡丹江医学院）　　高　杨（牡丹江医学院）

商清春（牡丹江医学院）　　富　丹（牡丹江医学院）

路雯静（哈尔滨学院）

科　学　出　版　社

北　京

内 容 简 介

本书是《信号与系统引论》配套的实验教材，共有 31 个实验，分为信号与系统软件 DSP 仿真实验和信号与系统硬件实验两部分。

软件 DSP 仿真实验主要包括：信号的分解与合成 DSP 仿真实验、有限冲击响应滤波器(FIR)算法实验、无限冲击响应滤波器(IIR)算法实验、卷积(Convolve)算法实验、抽样定理 DSP 实现实验、FFT 分析实验、调制与解调 DSP 仿真实验、频分复用 DSP 仿真实验等实验内容。

硬件实验主要包括：常用信号的观察，零输入、零状态及完全响应，一阶系统的阶跃响应，二阶系统的时域响应，信号的无失真传输，无源与有源滤波器，系统极点变化对系统性能的影响等实验内容。

图书在版编目（CIP）数据

信号与系统实验／徐春环主编. —北京：科学出版社，2014.6
医学影像专业特色系列教材

ISBN 978-7-03-041268-3

Ⅰ. 信… Ⅱ. 徐… Ⅲ. ①信号理论-高等学校-教材②信号系统-实验- 高等学校-教材　Ⅳ. TN911.6

中国版本图书馆 CIP 数据核字(2014)第 129199 号

责任编辑：周万灏　王　颖／责任校对：鲁　素
责任印制：徐晓晨／封面设计：范璧合

科 学 出 版 社 出版
北京东黄城根北街 16 号
邮政编码：100717
http://www.sciencep.com

北京凌奇印刷有限责任公司 印刷
科学出版社发行　各地新华书店经销

＊

2014 年 6 月第 一 版　　开本：787×1092　1/16
2021 年 1 月第五次印刷　　印张：7 1/4
字数：163 000

定价：38.00 元
（如有印装质量问题，我社负责调换）

医学影像专业特色系列教材
编委会

序

医学影像专业特色系列教材以《中国医学教育改革和发展纲要》为指导思想，强调三基、五性，紧扣医学影像学专业培养目标，紧密联系专业发展特点和改革的要求，由10多所医学院校医学影像学专业的教学专家与青年教学翘楚共同参与编写。

本系列教材是在教育部建设特色应用型大学和培养实用型人才背景下编写的，突出了实用性的原则，注重基层医疗单位影像方面的基本知识和基本技能的训练。本系列教材可供医学影像学、医学影像技术、生物医学工程及放射医学等专业的学生使用。

本系列教材第一批由人民卫生出版社出版，包括《医学影像设备学实验》、《影像电工学实验》、《医学图像处理实验》、《医学影像诊断学实验指导》、《医学超声影像学实验与学习指导》、《医学影像检查技术实验指导》、《影像核医学实验与学习指导》七部教材。此次由科学出版社出版，包括《影像电子工艺学及实训教程》、《信号与系统实验》、《大学物理实验》、《临床医学设备学》、《医用检验仪器》、《医用传感器》、《AutoCAD中文版基础教程》、《介入放射学实验指导》八部教材。

本系列教材吸收了各参编院校在医学影像专业教学改革方面的经验，使其更具有广泛性。本系列教材各自成册，又互成系统，希望能满足培养医学影像专业高级实用型人才的要求。

医学影像专业特色系列教材编委会
2014年4月

前　言

　　"信号与系统"是信息类专业的核心专业基础课，课程中的概念和分析方法广泛应用于通信、自动控制、信号与信息处理、电子技术、电气工程、电路与系统、计算机科学、生物医学工程、医学影像工程等领域。

　　当前科学技术的发展趋势要求高等院校培养的大学生，既要有坚实的理论基础，又要有严格的工程技术训练，不断提高实验研究能力、分析计算能力、总结归纳能力和解决实际问题的能力。因此在学习本课程时，开设必要的实验，对学生加深理解深入掌握基本理论和分析方法，培养学生分析问题和解决问题的能力，以及使抽象的概念和理论形象化、具体化，对增强学生的学习兴趣有很大好处，做好本课程的实验，是学好本课程的重要教学辅助环节。

　　根据专业特色，本教材增加了 DSP 仿真模块实验部分。

　　通过本实验课程的学习要求达到下列目标：

　　(1) 巩固和加深所学的理论知识。

　　(2) 培养选择实验方法、整理实验数据、绘制曲线、分析实验结果、撰写实验报告的能力。

　　(3) 培养严肃认真的工作作风、实事求是的科学态度和爱护公物的优良品德。

　　由于编者水平有限，本实验教程在编写的过程中，难免存在纰漏，恳请老师和同学们批评指正。

编　者
2014 年 1 月

目　　录

实验一　常用信号的观察

【实验目的】

(1) 了解常用信号的波形和特点。

(2) 了解常用信号的相关参数。

【实验器材】

信号与系统实验仪, 双踪示波器。

【实验内容】

(1) 观察常用的信号, 如正弦波、方波、三角波的波形。

(2) 用示波器测量信号, 读取信号的幅度和频率, 并记录。

【实验原理】

信号是携带信息的、随时间或空间变化的物理量或物理现象, 是信息的载体与表现形式, 如声信号、光信号、电信号等。在数学上, 信号总是一个或者多个独立变量的函数, 它包含了某个或某些物理现象性质的信息。信息不同的物理形态并不影响它们所包含的信息内容, 不同物理形态的信号之间相互转换。在各种信号中, 电信号是一种最便于传输、控制与处理的信号; 同时, 实际运用中的许多非电信号, 如压力、流量、速度、转矩、位移等, 都可以通过适当的传感器变换成电信号, 因此对电信号的研究具有重要的意义。

研究信号是为了对信号进行处理和分析, 信号处理是对信号进行某些加工或变换, 目的是提取有用的部分, 去掉多余的部分, 滤除各种干扰和噪声, 或将信号进行转化, 便于分析和识别。信号的特性可以从时间特性和频率特性两方面进行描述, 并且信号可以用函数解析式表示(有时域的、频域的及变化域的), 也可用波形或频谱表示。

周期为 T、幅值为 1 的方波信号, 如图 1-1 所示。

任意一个满足狄利克雷条件的周期为 T 的函数 $f(t)$ 都可以表示为傅里叶级数

$$
\begin{aligned}
f(t) &= \frac{1}{2}a_0 + \sum_{n=1}^{\infty}(a_n \cos n\omega_1 t + b_n \sin n\omega_1 t) \\
a_0 &= \frac{1}{T_1}\int_{T_1} f(t)\mathrm{d}t \\
a_n &= \frac{2}{T_1}\int_{T_1} f(t)\cos n\omega_1 t\,\mathrm{d}t \\
b_n &= \frac{2}{T_1}\int_{T_1} f(t)\sin n\omega_1 t\,\mathrm{d}t
\end{aligned}
\tag{1-1}
$$

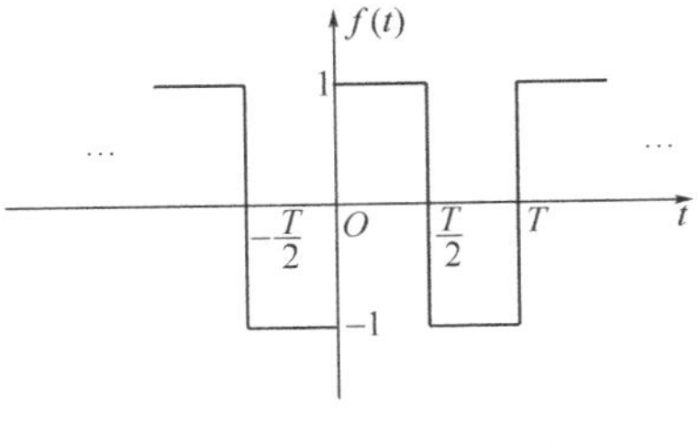

图 1-1　周期为 T 的方波图

其中, ω_1 为角频率, 称为基频; $a_0/2$ 为常数(相当于信号的直流分量); a_n 和 b_n 称为第 n 次谐波的幅值。

对于方波, 根据式(1-1)可得

$$
f(t) = \frac{4}{\pi}\left[\sin(\omega_1 t) + \frac{1}{3}\sin(3\omega_1 t) + \frac{1}{5}\sin(5\omega_1 t) + \cdots + \frac{1}{n}\sin(n\omega_1 t)\right] \qquad n = 1,3,5,\cdots
\tag{1-2}
$$

它只含 1, 3, 5, …奇次谐波分量。因此, 考虑到 $\omega = \dfrac{2\pi}{T}$, 周期 $T = 1$ 的 $f(t)$ 可分解为

$$f(t) = \frac{4}{\pi}\left[\sin(2\pi t) + \frac{1}{3}\sin(6\pi t) + \frac{1}{5}\sin(10\pi t) + \cdots + \frac{1}{n}\sin(2n\pi t)\right] \qquad n = 1, 3, 5, \cdots \qquad (1\text{-}3)$$

利用示波器观察到的方波各次谐波及频谱如图 1-2 和图 1-3 所示。

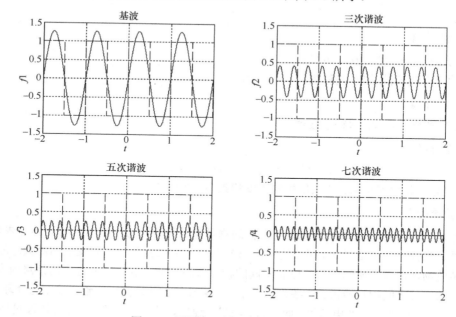

图 1-2　周期为 1 的方波信号的分解图

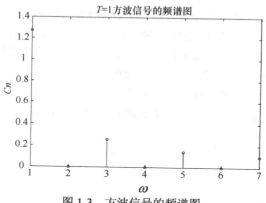

图 1-3　方波信号的频谱图

【实验步骤】

(1) 打开信号与系统实验仪，将实验仪上函数信号发生器的输出端与双踪慢扫描示波器的探头相连。

(2) 打开实验仪和函数信号发生器的电源。

(3) 用双踪慢扫描示波器观测各种周期性信号的波形，列表记录频率和幅值并画出波形图。

【实验报告要求】

根据实验测量的数据，绘制各个信号的波形图，并写出相应的数学函数表达式。

(周鸿锁)

实验二　零输入、零状态及完全响应

【实验目的】

(1) 通过实验, 进一步了解系统的零输入响应、零状态响应和完全响应的原理。

(2) 掌握用简单的 *RC* 电路观测零输入响应、零状态响应和完全响应的实验方法。

【实验设备】

信号与系统实验仪, 实验模块①, 双踪慢扫描示波器。

【实验内容】

(1) 连接一个能观测零输入响应、零状态响应和完全响应的电路图(图 2-1)。

(2) 分别观测该电路的零输入响应、零状态响应和完全响应的动态曲线。

【实验原理】

零输入响应是激励为零时仅由系统的初始状态 $\{x(t)\}$ 所引起的响应, 用 $r_{zi}(t)$ 表示。在零输入条件下, 即

$$\sum_{k=0}^{n} C_k r_{zi}^k(t) = 0 \tag{2-1}$$

若其特征根均为单根, 则其零输入响应为

$$r_{zi}(t) = \sum_{k=1}^{n} A_{zik} \mathrm{e}^{\alpha_k t} \tag{2-2}$$

式中, A_{zik} 为待定常数。由于输入为零, 故初始值

$$r_{zi}^{(k)}(0_+) = r_{zi}^{(k)}(0_-) = r^k(0_-) \qquad (k = 0,1,2,\cdots,n-1) \tag{2-3}$$

由给定的初始值状态即可确定公式(2-2)中各待定常数。

零状态响应是系统初始状态为零时, 仅由输入信号 $f(t)$ 引起的响应, 用 $r_{zs}(t)$ 表示。在零状态响应下, 即

$$\sum_{k=0}^{n} C_k r_{zs}^k(t) = \sum_{j=0}^{m} E_j f^{(j)}(t) \tag{2-4}$$

初始状态 $r^{(k)}(0_-) = 0$。若微分方程的特征根均为单根, 则其零状态响应为

$$r_{zs}(t) = \sum_{k=1}^{n} A_{zsk} \mathrm{e}^{\alpha_k t} + B(t) \tag{2-5}$$

式中, A_{zsk} 为待定常数; $B(t)$ 为方程的特解。

如果系统的初始状态不为零, 在激励 $f(t)$ 的作用下, LTI 系统的响应称为全响应, 它是零输入响应和零状态响应之和, 即

$$r(t) = r_{zi}(t) + r_{zs}(t) \tag{2-6}$$

若微分方程的特征根均为单根, 它们的关系是

$$r(t) = \underbrace{\sum_{k=1}^{n} A_{zik} \mathrm{e}^{\alpha_k t}}_{\text{零输入响应}} + \underbrace{\sum_{k=1}^{n} A_{zsk} \mathrm{e}^{\alpha_k t} + B(t)}_{\text{零状态响应}} = \underbrace{\sum_{k=1}^{n} A_k \mathrm{e}^{\alpha_k t}}_{\text{自由响应}} + \underbrace{B(t)}_{\text{强迫响应}} \tag{2-7}$$

虽然自由响应和零输入响应都是齐次方程的解，但二者系数各不相同，A_{zik} 仅由系统的初始状态所决定，而 A_k 要由系统的初始状态和激励信号共同来确定。在初始状态为零时，零输入响应等于零，但在激励信号的作用下，自由响应并不为零，也就是说，系统的自由响应包含零输入响应和零状态响应的一部分。

零输入响应、零状态响应和完全响应的 RC 电路如图 2-1 所示。

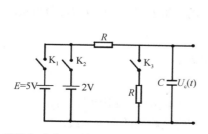

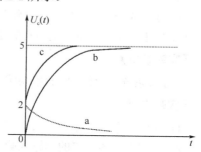

图 2-1 零输入响应、零状态响应和完全响应的电路图

图 2-2 零输入响应、零状态响应和完全响应曲线
a 为零输入响应；b 为零状态响应；c 为完全响应

合上图 2-1 中的开关 K_1，则由回路可得

$$iR + U_c = E \tag{2-8}$$

$\because i = C\dfrac{\mathrm{d}U_c}{\mathrm{d}t}$，则上式改为

$$RC\frac{\mathrm{d}U_c}{\mathrm{d}t} + U_c = E \tag{2-9}$$

对上式取拉氏变换得

$$RC_s U_c(s) - RCU_c(0) + U_c(s) = 5/s$$

$\therefore U_c(s) = \dfrac{5}{s(RC_s + 1)} + \dfrac{RCU_c(0)}{RC_s(0) + 1} = \left(\dfrac{5}{s} - \dfrac{5}{s + \dfrac{1}{RC}}\right) + \dfrac{2}{s + \dfrac{1}{RC}}$，其中 $U_c(0) = +2V$。

$$U_c(t) = 5(1 - \mathrm{e}^{-\frac{1}{RC}t}) + 2\mathrm{e}^{-\frac{1}{RC}t} \tag{2-10}$$

式(2-10)等号右方的第二项为零输入响应，即由初始条件激励下的输出响应；第一项为零状态响应，它描述了初始条件为零[$U_c(0) = 0$]时，电路在输入 $E = +5V$ 作用下的输出响应，显然它们之和为电路的完全响应，图 2-2 所示的曲线表示这三种响应过程。

【实验步骤】

1. 实验准备

(1) 打开信号与系统实验仪，将实验模块①插入实验仪的固定孔中。

(2) 将实验仪上"阶跃信号发生器"的输出端接至实验模块上"零输入、零状态及完全响应"单元的"+2V"输入端，并调节"阶跃信号发生器"正输出的"RP1"电位器，使阶跃输出为+2V。

(3) 将实验仪上"直流电源"的"+5V"接至零输入、零状态及完全响应"单元的"+5V"输入端。

(4) 将"零输入、零状态及完全响应"单元的输出端与双踪慢扫描示波器的探头相连。

2. 零输入响应　将 S1 短接到 2 处，S2 短接到 1 处，使+2V 直流电源对电容 C 充电，当充电完毕后，将 S2 接到 2 处，用双踪慢扫描示波器观测并记录 $U_c(t)$ 的变化。

3. 零状态响应 先将 S2 短接到 2 处, 使电容 C 放电完毕, 弹起阶跃信号按钮, S2 接到 1 处, 再将 S1 接到 1 处(S1 接至 1 处时, 要在示波器的亮点在屏幕最左端时接入), 用示波器观测并记录+5V 直流电压对电容 C 的充电过程。反复进行上述过程, 记录变化的过程。

4. 完全响应 先将 S2 接到 2 处, 使电容两端电压通过 RC 回路放电, 一直到零为止。然后将 S1 接到 2 处, S2 接到 1 处, 使+2V 电源对电容 C 充电, 待充电完毕后, 将 S1 接到 1 处, 使+5V 电源对电容 C 充电, 用双踪慢扫描示波器观测并记录 $U_c(t)$ 的完全响应。

【思考题】

系统零输入响应的稳定性与零状态响应的稳定性是否相同?

【实验报告要求】

(1) 推导图 2-1 所示 RC 电路在下列两种情况下电容两端电压 $U_c(t)$ 的表达式。

1) $U_c(0) = 0$, 输入 $U_i = +5V$。

2) $U_c(0) = +2V$, 输入 $U_i = +5V$。

(2) 根据实验, 分别画出该电路在零输入响应、零状态响应和完全响应下的响应曲线。

(3) 完成思考题。

(周鸿锁)

实验三 一阶系统的阶跃响应

【实验目的】

(1) 熟悉一阶系统的无源和有源电路。

(2) 研究一阶系统时间常数 T 的变化对系统性能的影响。

(3) 研究一阶系统的零点对系统响应的影响。

【实验设备】

信号与系统实验仪，实验模块②，双踪慢扫描示波器。

【实验内容】

(1) 无零点时的单位阶跃响应(无源、有源)。

(2) 有零点时的单位阶跃响应(无源、有源)。

【实验原理】

1. 无源滤波器 由电容、电感，有时还包括电阻等无源元件组成，以对某次谐波或其以上次谐波形成低阻抗通路，以达到抑制高次谐波的作用；由于 SVC(静止式无功补偿装置)的调节范围要由感性区扩大到容性区，所以滤波器与动态控制的电抗器一起并联，这样既满足无功补偿、改善功率因数，又能消除高次谐波的影响。

国际上广泛使用的滤波器种类有：各阶次单调谐滤波器、双调谐滤波器、二阶宽频带与三阶宽频带高通滤波器等。

(1) 单调谐滤波器：一阶单调谐滤波器的优点是滤波效果好，结构简单；缺点是电能损耗比较大，但随着品质因数的提高而减少，同时又随谐波次数的减少而增加，而电炉正好是低次谐波，主要是 2~7 次，因此，基波损耗较大。二阶单调谐滤波器当品质因数在 50 以下时，基波损耗可减少 20%~50%，属节能型，滤波效果等效。三阶单调谐滤波器是损耗最小的滤波器，但组成复杂些，投资也高些，用于电弧炉系统中，2 次滤波器选用三阶滤波器为好，其他的选用二阶单调谐滤波器。

(2) 高通(宽频带)滤波器：一般用于某次及以上次的谐波抑制。当在电弧炉等非线性负荷系统中采用时，对 5 次以上谐波起滤波作用，通过参数调整，可形成该滤波器回路对 5 次及以上次谐波的低阻抗通路。

2. 有源滤波器 有源滤波器利用可控的功率半导体器件向电网注入与谐波源电流幅值相等、相位相反的电流，使电源的总谐波电流为零，达到实时补偿谐波电流的目的。它与无源滤波器相比，有以下特点：

(1) 不仅能补偿各次谐波，还可抑制闪变，补偿无功，有一机多能的特点，在性价比上较为合理。

(2) 滤波特性不受系统阻抗等的影响，可消除与系统阻抗发生谐振的危险。

(3) 具有自适应功能，可自动跟踪补偿变化着的谐波，即具有高度可控性和快速响应性等特点。

3. 零点的加入对系统的影响 加入零点后，通过对两条响应曲线的分析我们不难得出以下的结论：①系统的稳定性没变，还是稳定系统；②系统的上升时间 t_r 减小；③系统的超调时

间 t_p 减小；④系统的超调量 $\delta\%$ 变长；⑤系统的调节时间 t_s 变长。

但是在某些情况下，我们增加零点，会带来某些我们所不希望带来的结果，例如，如果添加的零点正好与原点重合的时候，系统虽然最后还是稳态系统，但是系统最后的稳态值为 0，这显然不合实际的要求。所以在实际应用中，添加零点的时候一定要注意，不能与原点重合。

4. 无零点的一阶系统　无零点一阶系统的有源和无源电路图如图 3-1 所示。它们的传递函数均为

$$G(s)=\frac{1}{0.2s+1} \tag{3-1}$$

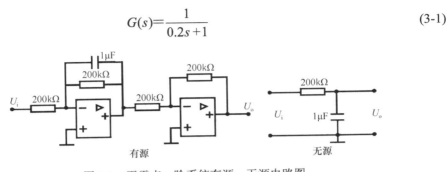

图 3-1　无零点一阶系统有源、无源电路图

5. 有零点的一阶系统($|Z|<|P|$)　图3-2为有零点一阶系统的有源和无源电路图，它们的传递函数为

$$G(s)=\frac{0.2(s+1)}{0.2s+1} \tag{3-2}$$

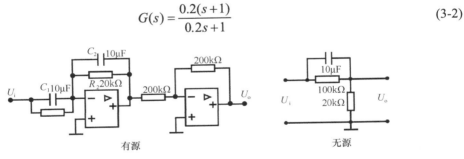

图 3-2　有零点一阶系统($|Z|<|P|$)有源、无源电路图

6. 有零点的一阶系统($|Z|>|P|$)　图3-3为有零点一阶系统的有源和无源模拟电路图，它们的传递函数为

$$G(s)=\frac{0.1s+1}{s+1} \tag{3-3}$$

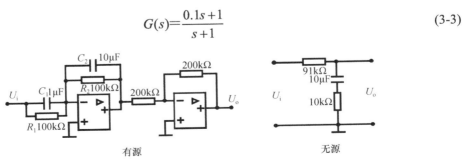

图 3-3　有零点一阶系统($|Z|>|P|$)有源、无源电路图

【实验步骤】

(1) 打开信号与系统实验仪，将实验模块②插入实验仪的固定孔中，利用该模块上的单元组成图 3-1 所示的一阶系统模拟电路。

(2) 实验线路检查无误后，打开实验仪总电源开关。

(3) 将"阶跃信号发生器"的输出拨到"正输出"，按下"阶跃按键"按钮，调节电位器 RP1，使输出电压幅值为 1V，并将"阶跃信号发生器"的"输出"端与电路的输入端"U_i"相连，电路的输出端"U_o"接到双踪慢扫描示波器的输入端，然后用示波器观测系统的阶跃响应，并由曲线实测一阶系统的时间常数 T。

(4) 依次利用实验模块上相关的单元分别组成图 3-2、图 3-3 所示的一阶系统模拟电路，重复实验步骤(3)，观察并记录实验曲线。

注：本实验所需的无源电路单元均可通过该模块上 U_6 单元的不同连接来实现。

【思考题】

简述根据一阶系统阶跃响应曲线确定系统的时间常数 T 的两种常用方法。

【实验报告要求】

(1) 根据测得的无零点一阶系统阶跃响应曲线，测出其时间常数。

(2) 完成思考题。

【附录】

(1) 无零点的一阶系统

根据 $\dfrac{C(s)}{R(s)} = \dfrac{1}{0.2s+1}$，令 $R(s) = \dfrac{1}{s}$，则

$$C(s) = \frac{1}{s(0.2s+1)}$$

对上式取拉氏反变换得

$$C(t) = 1 - e^{-\frac{1}{0.2}t}$$

当 $t = 0.2$ 时，则 $C(0.2) = 1 - e^{-1} = 0.632$。

上式表明，单位阶跃响应曲线上升到稳态值的 63.2%时对应的时间，就是系统的时间常数 T=0.2s。图 3-4 为系统的单位阶跃响应曲线。

(2) 有零点的一阶系统($|Z|<|P|$)在单位阶跃输入时，系统的输出为

$$C(s) = \frac{0.2(s+1)}{s(0.2s+1)} = \frac{0.2}{s} + \frac{0.8}{s+5}$$

即 $C(t) = 0.2 + 0.8e^{-5t}$。图 3-5 为系统的单位阶跃响应曲线。

(3) 有零点的一阶系统($|Z|>|P|$)在单位阶跃输入时，系统的输出为

$$C(s) = \frac{0.1s+1}{s(s+1)} = \frac{1}{s} - \frac{0.9}{s+1}$$

即 $C(t) = 1 - 0.9e^{-t}$。图 3-6 为该系统的单位阶跃响应曲线。

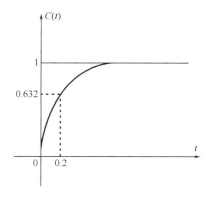

图 3-4　无零点一阶系统的单位阶跃响应曲线

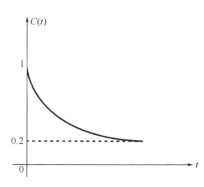

图 3-5　有零点一阶系统($|Z|<|P|$)的单位阶跃响应曲线

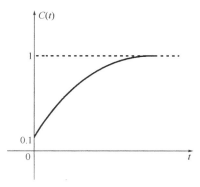

图 3-6　有零点一阶系统($|Z|>|P|$)的单位阶跃响应曲线

(周鸿锁)

实验四   二阶系统的时域响应

【实验目的】

(1) 掌握用电子模拟二阶系统的实验方法。

(2) 通过实验，进一步了解二阶系统的动态性能与系统阻尼比 ξ 之间的关系。

【实验设备】

信号与系统实验仪，实验模块②，双踪慢扫描示波器。

【实验原理】

为了便于理论研究，一般把二阶系统的传递函数写成如下的标准形式

$$\frac{C(s)}{R(s)} = \frac{\omega_n^2}{s^2 + 2\xi\omega_n s + \omega_n^2} \tag{4-1}$$

式中，ξ 表示系统的阻尼比；ω_n 为系统的无阻尼自然频率。

与式(4-1)对应的系统方框图如图 4-1 所示。任何二阶系统的闭环传递函数都可以表示为式(4-1)所示的标准形式，但其参数 ξ 和 ω_n 所包含的内容是不相同的。理论证明：对应于不同的 ξ 值，系统的单位阶跃响应是不相同的。图 4-2 中分别示出了三种响应曲线：a 为 $0 < \xi < 1$(欠阻尼)；b 为 $\xi = 1$(临界阻尼)；c 为 $\xi > 1$(过阻尼)。图 4-3 为本实验系统的方框图，其闭环传递函数为

$$\frac{C(s)}{R(s)} = \frac{K/T_1T_2}{s^2 + \frac{1}{T_1}s + K/T_1T_2} = \frac{\omega_n^2}{s^2 + 2\xi\omega_n s + \omega_n^2} \tag{4-2}$$

由式(4-2)可得

$$\omega_n = \sqrt{K/T_1T_2} \ , \quad \xi = \sqrt{T_2/4T_1K} \tag{4-3}$$

若令 $T_1 = 0.2\text{s}$，$T_2 = 0.5\text{s}$，则 $\omega_n = \sqrt{10K}$，$\xi = \sqrt{T_2/4T_1K}$。

显然，只要改变 K 值，就能同时改变 ξ 和 ω_n 的值，从而可得到欠阻尼($0 < \xi < 1$)、临界阻尼($\xi = 1$)和过阻尼($\xi > 1$)三种情况下的阶跃响应曲线。

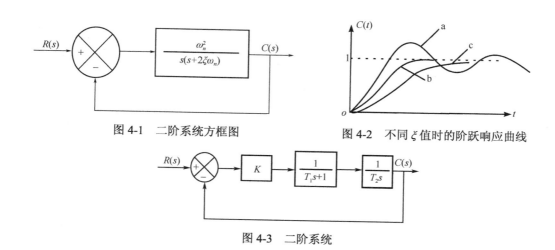

图 4-1   二阶系统方框图   图 4-2   不同 ξ 值时的阶跃响应曲线

图 4-3   二阶系统

【实验内容及步骤】

(1) 打开信号与系统实验仪,将实验模块②插入实验仪的固定孔中,根据开环传递函数 $G(s) = K/0.5s(0.2s+1)$,设计相应的实验电路图(图 4-4)并用导线连接起来。

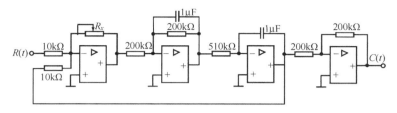

图 4-4 二阶系统参考实验电路

(2) 实验线路检查无误后,打开实验仪总电源开关。

(3) 将"阶跃信号发生器"的输出开关拨到"正输出",按下"阶跃按键"按钮,调节"阶跃信号发生器"的可调电位器 RP1,使之输出电压幅值为 1V,并将"阶跃信号发生器"的输出端"U_c"与电路的输入端"U_R"相连,电路的输出端"U_c"接到双踪慢扫描示波器的输入端。

(4) 按下阶跃信号发生器单元的"阶跃按键",在慢扫描示波器上观察不同 K 值:如 $K=5$($R_x = 51\text{k}\Omega$)、$K = 0.625$($R_x = 6.25\text{k}\Omega$)、$K = 0.5$($R_x = 5.1\text{k}\Omega$)时对应的阶跃响应曲线,据此求得相应的 σ_p、t_p 和 t_s 的值。

(5) 调节 $K(R_x = 12.5\text{k}\Omega)$ 值,使该二阶系统的阻尼比 $\xi = 1/\sqrt{2}$,观察并记录对应的阶跃响应曲线。

【注意事项】

实验时,实验模块中缺少的电阻,可通过接入实验仪上合适的电位器来实现。

【思考题】

(1) 如果阶跃输入信号的幅值过大,会在实验中产生什么现象?

(2) 在电子模拟系统中,如何实现负反馈和单位反馈?

【实验报告要求】

(1) 画出二阶系统在不同 K 值下的 4 条阶跃响应曲线。

(2) 实验前,按图 4-3 所示的二阶系统,计算 $K=5$、$K=0.625$ 和 $K=0.5$ 三种情况下的 ξ 和 ω_n 值。据此计算相应的动态性能指标 σ_p、t_p 和 t_s,并与实验所得的结果相比较。

(3) 完成思考题。

(周鸿锁)

实验五 线性系统的稳定性分析

【实验目的】

(1) 研究增益 K 对系统稳定性的影响。

(2) 研究时间常数 T 对系统稳定性的影响。

【实验设备】

信号与系统实验仪, 实验模块③, 双踪慢扫描示波器。

【实验原理】

本实验主要分析开环增益 K_0 和时间常数 T 改变对线性系统稳定性及稳态误差的影响。

设线性系统的开环传递函数为:

$$G(s) = \frac{10K_0}{s(0.1s+1)(Ts+1)} \tag{5-1}$$

取 $T = 0.1$, 即令 $R = 100\text{k}\Omega, C = 1\mu\text{F}$; 取 $K_0 = 1$, 即令 $R_1 = R_2 = 100\text{k}\Omega$, 建立系统数学模型, 绘制其阶跃曲线。

(1) 首先理论上分析 K_0 对稳定性的影响。保持 $T = 0.1$ 不变, 改变 K_0, 令 K_0 分别等于 1、2、3、4、5, 用劳斯判据求出使系统稳定的 K_0 值范围, 并对上述情况进行稳定性判断(图 5-1~图 5-5)。

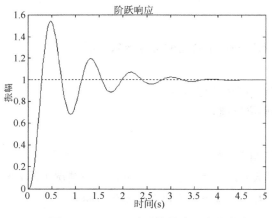

图 5-1 $K_0 = 1$ 时系统的阶跃响应曲线

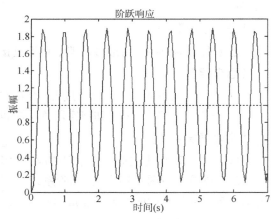

图 5-2 $K_0 = 2$ 时系统的阶跃响应曲线

从上面的响应曲线可知: $K_0 = 2$ 时系统临界稳定; 随着 K_0 的增加, 系统将趋于不稳定。

(2) 在 $K_0 = 1$ (系统稳定) 和 $K_0 = 2$ (系统临界稳定)两种情况下, 分别绘制 $T = 0.1$ 和 $T = 0.01$(即保持 $R = 100\text{k}\Omega$ 不变, C 分别取 $1\mu\text{F}$ 和 $0.1\mu\text{F}$ 时)系统的阶跃响应, 分析 T 值变化对系统阶跃响应及稳定性的影响。

根据上面的假设来设定 $K_0 = 2$, 分别绘制 $T = 0.1$ 和 $T = 0.01$ 时的阶跃响应曲线如图 5-6 和图 5-7 所示。

由图可知, 时间常数 T 减小时, 系统动态性能得到改善。

(3) 取 $K_0 = 1$ 和 $T = 0.01$, 改变系统的输入信号(分别取单位阶跃、单位斜坡、单位加速度), 观察在不同输入下的响应曲线及相应的稳态误差。

由图 5-8 可知，系统对于单位阶跃响应输入可以实现无差跟踪。

由图 5-9 可知，系统对于单位斜坡输入可以跟踪，但存在一定稳态误差。

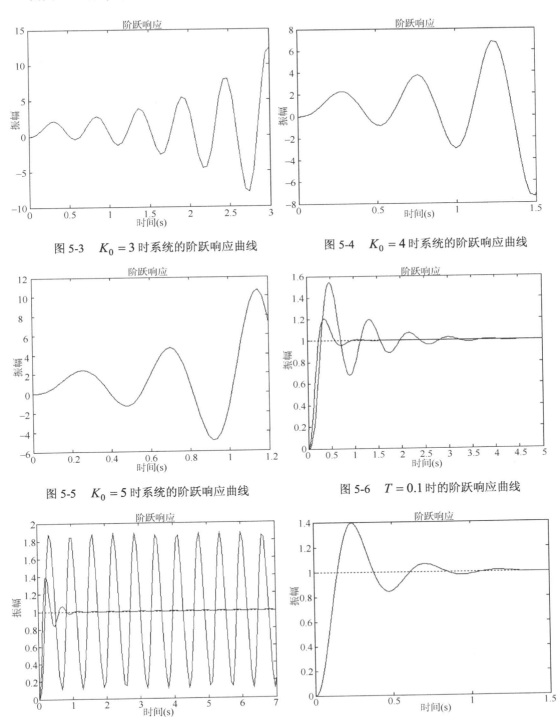

图 5-3　$K_0 = 3$ 时系统的阶跃响应曲线　　　图 5-4　$K_0 = 4$ 时系统的阶跃响应曲线

图 5-5　$K_0 = 5$ 时系统的阶跃响应曲线　　　图 5-6　$T = 0.1$ 时的阶跃响应曲线

图 5-7　$T = 0.01$ 时的阶跃响应曲线　　　图 5-8　系统单位阶跃响应曲线

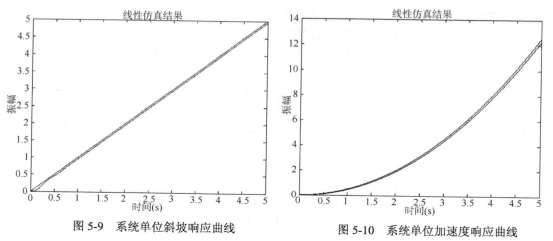

图 5-9　系统单位斜坡响应曲线　　　　图 5-10　系统单位加速度响应曲线

由图 5-10 可知，系统对于单位加速度输入随时间的推移，误差越来越大，即不能跟踪。

(4) 改变 K_0 值，来分析改变开环放大系数对系统稳态误差的影响。

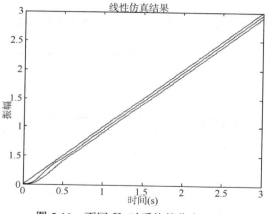

图 5-11　不同 K_0 时系统的稳态误差

由图 5-11 可知，开环增益 K_0 越大，系统的稳态误差就越小，故可以通过增大开环增益 K_0 来减小稳态误差。

(5) 改变系统阶次，研究系统在单位斜坡信号下的响应曲线，来分析改变系统阶次对系统稳态误差的影响。

由图 5-12 可知，系统阶次越高，对斜坡输入的稳态误差越小，故通过提高系统阶次来减小或消除稳态误差。

综上所述：

(1) K_0 影响系统的稳定性。K_0 减小，稳定性增加。

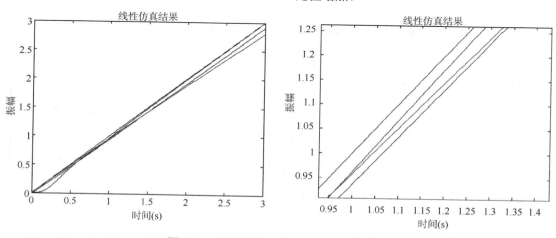

图 5-12　不同阶次对系统稳态误差的影响

(2) K_0 一定时，T 决定系统的动态性能。T 减小，系统调节时间减小。

(3) $K_0=1$，$T=0.01$时，在各种输入下系统的响应。对于一阶系统，在单位阶跃输入下无稳态误差；在单位斜坡输入下，有恒定的稳态误差；在单位加速度输入下，系统误差为无限大。

(4) 消除稳态误差的方法：① K_0 增加，稳态误差减小；②系统阶次增加，稳态误差减小。

【实验内容及步骤】

(1) 打开信号与系统实验仪，将实验模块③插入实验仪的固定孔中，按附录参考实验电路连接一个三阶系统的模拟电路。

(2) 实验线路检查无误后，打开实验仪总电源开关。

(3) 将"阶跃信号发生器"的输出开关拨到"正输出"，按下"阶跃按键"按钮，调节可调电位器 RP1，使之输出电压幅值为 1V，并将"阶跃信号发生器"的"输出"端与电路的输入端"U_R"相连，电路的输出端"U_c"接到双踪慢扫描示波器的输入端。

(4) 按下阶跃信号发生器的"阶跃按键"，在以下几种参数下用慢扫描示波器观测并记录系统的单位阶跃响应曲线：① $T_1=0.2s$，$T_2=0.1s$，$T_3=0.5s$，且 R_x 分别为 51 kΩ ($K=5$)、75 kΩ ($K=7.5$)、100 kΩ ($K=10$)时；② $K=7.5$，$T_1=0.2s$，$T_3=0.5s$，T_2 分别为 0.2s(电路中第三个运放的两个 51 kΩ 的电阻改为 100 kΩ)和 0.05s(电路中第三个运放的 2.2μF 电容改为 1μF)时的单位阶跃响应曲线。

【思考题】

(1) 如果系统出现不稳定，为使它能稳定地工作，系统开环增益应取大还是取小？

(2) 试解释在三阶系统的实验中，系统输出为什么会出现削顶的等幅振荡？

(3) 为什么在本实验中对阶跃输入的稳态误差为零？

【实验报告要求】

(1) 画出上述实验电子模拟电路图和实验中所得的响应曲线。

(2) 定性地分析系统的开环增益 K 和某一时间常数 T 的变化对系统稳定性的影响。

(3) 写出本实验的心得体会。

(4) 完成思考题。

【附录】

参考实验电路见图 5-13。

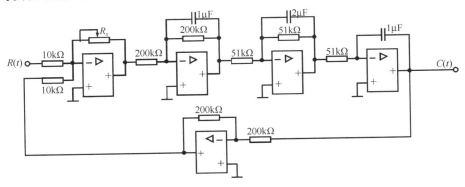

图 5-13 参考实验电路图

(周鸿锁)

实验六 线性系统的频率特性测试

【实验目的】

(1) 掌握用函数信号发生器、示波器测定线性环节和系统频率特性的方法。

(2) 根据实验所得的数据作出 Bode(波特)图,据此确定被测环节或系统的传递函数。

【实验设备】

信号与系统实验仪,实验模块④,双踪慢扫描示波器。

【实验原理】

如图 6-1 为被测的系统(环节),令其输入信号 $X(t) = X_m \sin\omega t$,则在稳态时该系统(环节)的输出为

$$Y(t) = X_m \left|G(\mathrm{j}\omega)\right| \sin[\omega t + \phi(\omega)] = Y_m \sin[\omega t + \phi(\omega)] \tag{6-1}$$

由上式得

$$\frac{Y_m}{X_m} = \frac{X_m \left|G(\mathrm{j}\omega)\right|}{X_m} = \left|G(\mathrm{j}\omega)\right| \qquad 幅频特性$$

$$\phi(\omega) = \angle G(\mathrm{j}\omega) \qquad 相频特性$$

式中 $\left|G(\mathrm{j}\omega)\right|$ 和 $\phi(\omega)$ 都是输入信号 ω 的函数。

本实验采用李萨如图形法。图 6-2 和图 6-3 分别为系统(环节)的幅频特性和相频特性的测试接线图。

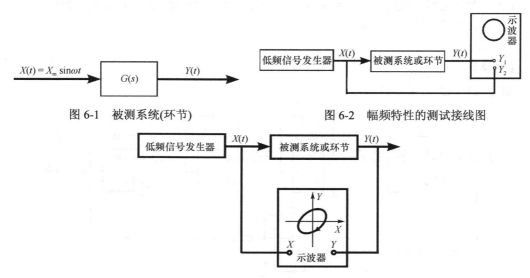

图 6-1 被测系统(环节)　　　　图 6-2 幅频特性的测试接线图

图 6-3 相频特性的测试接线图

1. 幅频特性的测试 将示波器的 X 轴停止扫描,函数信号发生器的正弦信号同时送到被测系统(环节)的输入端和示波器的 Y_1 轴,被测系统(环节)的输出信号接至示波器的 Y_2 轴,这样在示波器的屏幕上显示出两条垂直的光线,对应于 Y_2 轴光线的长度为 $2Y_{2m}$,对应于 Y_1 轴光线的

长度为 $2Y_{1m}$。改变函数信号发生器输出信号的频率 ω，就可得到一组 $2Y_{2m}/2Y_{1m}$ 的比值，据此作出 $L(\omega)\text{-}\omega$ 曲线。

2. 相频特性的测试　令系统(环节)的输入信号为

$$X(t) = X_m \sin \omega t \tag{6-2}$$

则其输出为

$$Y(t) = Y_m \sin(\omega t + \phi) \tag{6-3}$$

对应的李萨如图形如图 6-3 所示。若以 t 为参变量，则 $X(t)$ 与 $Y(t)$ 所确定点的轨迹将在示波器的屏幕上形成一条封闭的曲线(通常为椭圆)。当 $t=0$ 时，$X(0)=0$。由式(6-3)得

$$Y(0) = Y_m \sin \phi$$

于是有

$$L(\omega) = \arcsin \frac{Y(0)}{Y_m} = \arcsin \frac{2Y(0)}{2Y_m} \tag{6-4}$$

同理可得

$$\phi(\omega) = \arcsin \frac{2X(0)}{2X_m} \tag{6-5}$$

其中，$2Y(0)$ 为椭圆与 Y 轴相交点间的长度，$2X(0)$ 为椭圆与 X 轴相交点间的长度。

式(6-4)、式(6-5)适用于椭圆的长轴在第一、三象限；当椭圆的长轴在第二、四象限时相位 ϕ 的计算公式变为

$$L(\omega) = 180° - \arcsin \frac{2Y(0)}{2Y_m} \tag{6-6}$$

或

$$\phi(\omega) = 180° - \arcsin \frac{2X(0)}{2X_m} \tag{6-7}$$

相位超前与滞后时李萨如图形光点的转向和计算公式见表 6-1。

表 6-1　相位超前与滞后时李萨如图形光点的转向和算式

相角 ϕ	超前		滞后	
	0°~90°	90°~180°	0°~90°	90°~180°
图形	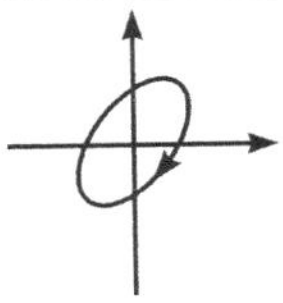	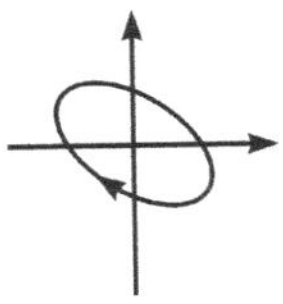	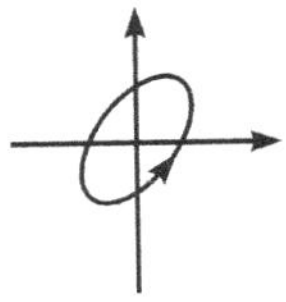	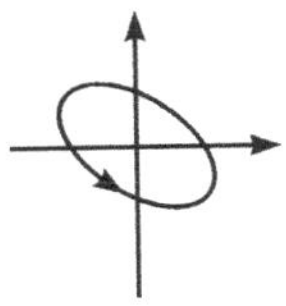
计算公式	$\phi = \arcsin \dfrac{2Y_0}{2Y_m}$	$\phi = 180° - \arcsin \dfrac{2Y_0}{2Y_m}$	$\phi = \arcsin \dfrac{2Y_0}{2Y_m}$	$\phi = 180° - \arcsin \dfrac{2Y_0}{2Y_m}$
光点转向	顺时针	顺时针	逆时针	逆时针

【实验内容与步骤】

1. 测量滞后-超前校正环节的频率特性

(1) 求图 6-4 所示滞后-超前环节的传递函数，据此画出理论上该环节的对数幅频特性。图中 $R_1 = 20\text{k}\Omega$，$R_2 = 20\text{k}\Omega$，$C_1 = 1\mu\text{F}$，$C_2 = 10\mu\text{F}$。

(2) 打开信号与系统实验仪，将实验模块④插入实验仪的固定孔中，打开实验仪总电源开关。

(3) 用实验方法测得该环节的对数幅频和相频特性曲线。

1) 对数幅频特性的测试(用李萨如图形法): ①把图 6-4 所示的 RC 网络按图 6-2 连接信号发生器与示波器; ②根据理论计算该环节对数幅频特性的转折频率, 确定信号发生器输出信号的频率变化范围; ③保持信号发生器的输出信号幅值为一定值, 然后从低频开始, 每改变一个频率值, 就用示波器测得 Y_{2m}/Y_{1m} 的比值, 一直到高频为止; ④列表计算 $L(\omega)$-ω, 据此作出对数幅频特性曲线.

上述方法, 完全适用二阶惯性环节幅频特性的测试.

2) 相频特性的测试: ①滞后-超前网络如图 6-4 所示, 连接函数信号发生器与示波器; ②将示波器的 X 轴停止扫描, 保持函数信号发生器的输出幅值, 并使其频率由低到高逐渐变化. 每改变一次输入信号的频率值, 在示波器的屏幕上就会显示一个李萨如图形. 将示波器的 Y 轴移至椭圆的正中位置, 该椭圆与 X 轴两交点间的距离即为 $2X_0$. 椭圆的两顶点在 X 轴上的投影长度就是 $2X_m$, 据此, 求得 $\phi(\omega) = \arcsin\dfrac{2X(0)}{2X_m}$, 于是得到一组 $\phi(\omega)$-ω 的轴数据.

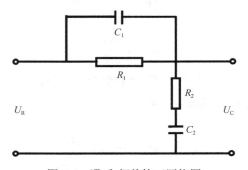

图 6-4 滞后-超前校正网络图

注意: ①测量时需注意椭圆光点的旋转方向, 以识别相频特性是超前还是滞后. 当系统或环节的相位是滞后时, 光点按逆时针方向旋转; 反之, 相位超前时, 光点则按顺时针方向旋转. ②为提高读数的精度, 每改变一次信号的频率 ω 后, 可适当调节示波器 Y 轴的增益, 以便能清晰正确地读出椭圆的 $2X_0$ 和 $2X_m$ 值. ③测试时信号 ω 的取值应均匀, 否则会影响被测相频特性的幅度. ω 的参考值如表 6-2 所示.

表 6-2 滞后-超前校正环节的相频特性 $2X_0$ 的 $\phi(\omega)$-ω 数据

ω(rad/s)	$T(s)$	$2X_m$ (格)	$2X_0$ (格)	实测 $\phi(\omega)$	理论 $\phi(\omega)$	光点转动方向
15						
20						
30						
40						
50						
80						
100						
200						
300						

(4) 根据所测的对数幅频特性曲线, 写出该环节的传递函数, 并与理论计算结果进行比较.

2. 有源二阶惯性频率特性的测量

(1) 根据图 6-5 所示的方框图, 画出实验系统的模拟电路图.

(2) 用实验方法测得该系统的幅频特性曲线, 据此写出该环节的传递函数。

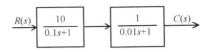

图 6-5　二阶系统的方框图

【思考题】

(1) 应用频率响应法测试系统(环节)的传递函数有什么限制条件?

(2) 为什么在本实验中只需测得幅频特性曲线, 就可确定被测环节(系统)的传递函数?

【实验报告要求】

(1) 根据实测数据, 在半对数坐标纸上分别画出滞后-超前校正环节与二阶环节的对数幅频特性曲线和滞后-超前环节的相频特性曲线。

(2) 作出滞后-超前校正环节幅频特性曲线和渐近线, 据此求得该环节的传递函数并与理论推导结果作一分析比较。

(3) 由二阶环节幅频特性曲线写出它的传递函数, 并与实际的传递函数比较。

(4) 完成思考题。

【附录】

1. 滞后-超前校正网络的传递函数

图 6-4 中的

$$Z_1 = \frac{R_1 / C_1 s}{R_1 + 1/C_1 s} = \frac{R_1}{R_1 C_1 s + 1}$$

$$Z_2 = R_2 + \frac{1}{C_2 s} = \frac{R_2 C_2 s + 1}{C_2 s}$$

$$\therefore \quad \frac{U_c(s)}{U_r(s)} = G(s) = \frac{Z_2}{Z_1 + Z_2} = \frac{(\tau_1 s + 1)(\tau_2 s + 1)}{\tau_1 \tau_2 s^2 + (\tau_1 + \tau_2 + \tau_{12})s + 1} \qquad (6-8)$$

式中, $\tau_1 = R_1 C_1$, $\tau_2 = R_2 C_2$, $\tau_{12} = R_1 C_2$。

将上式改为

$$G(s) = \frac{(\tau_1 s + 1)(\tau_2 s + 1)}{(T_1 s + 1)(T_2 s + 1)} \qquad (6-9)$$

对比式(6-8)、式(6-9)得

$$T_1 \cdot T_2 = \tau_1 \tau_2 \qquad (6-10)$$
$$T_1 + T_2 = \tau_1 + \tau_2 + \tau_{12}$$

由给定的 R_1、C_1 和 R_2、C_2, 求得 $\tau_1 = 0.02\text{s}$, $\tau_2 = 0.2\text{s}$, $\tau_{12} = 0.02\text{s}$。代入式(6-10), 解得 $T_1 = 9.8 \times 10^{-3}\text{s}$, $T_2 = 0.4098\text{s}$。于是得

$$\frac{\tau_1}{T_1} = \frac{T_2}{\tau_2} = \beta \approx 2$$

这样式(6-9)又可改为

$$G(s) = \frac{(\tau_2 s + 1)(\tau_1 s + 1)}{(\beta \tau_2 s + 1)\left(\dfrac{\tau_1}{\beta} s + 1\right)} \qquad (6-11)$$

图 6-6 为式(6-11)对应的对数幅频和相频特性曲线的示意图。

2. 二阶环节的模拟电路图 见图 6-7。

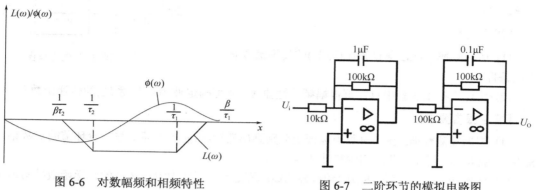

图 6-6　对数幅频和相频特性　　　　　图 6-7　二阶环节的模拟电路图

（高　杨）

实验七　方波信号的分解与合成

【实验目的】

(1) 用同时分析法观测 50Hz 方波信号的频谱, 并与其傅里叶级数各项的频率与系数作比较。

(2) 观测基波和其谐波的合成。

【实验设备】

信号与系统实验仪, 双踪慢扫描示波器。

【实验原理】

(1) 任何电信号都是由各种不同频率、幅值和初相为零的正弦波叠加而成的。由周期信号的傅里叶级数展开式可知, 各次谐波的频率为基波频率的整数倍。而非周期信号包含了从零到无穷大的所有频率成分, 每一频率成分的幅值相对大小是不同的。将被测方波信号加到分别调谐于其基波和各次奇谐波频率的电路上。在每一带通滤波器的输出端可以用示波器观察到相应频率的正弦波。本实验所用的被测信号是 50Hz 的方波。

(2) 实验装置的结构图(图 7-1)。

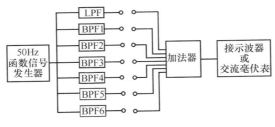

图 7-1　实验结构图

图 7-1 中 LPF 为低通滤波器, 可分解出非正弦周期信号的直流分量。BPF$_1$~BPF$_6$为调谐在基波和各次谐波上的带通滤波器, 加法器用于信号的合成。

(3) 方波信号的傅里叶级数表达式

$$U(t)=\frac{4U_m}{\pi}\left(\sin\omega t+\frac{1}{3}\sin 3\omega t+\frac{1}{5}\sin 5\omega t+\frac{1}{7}\sin 7\omega t+\cdots\right)$$

图 7-2 为方波信号分解以后取有限次谐波的合成波形。左上方图是单独基波, 是正弦波, 波身较为平滑, 波峰和波谷尖锐。右上方是基波和三次谐波叠加而成的波, 大体仍是正弦形式, 但波身已比单独的基波更为陡峭, 波峰和波谷出现波动, 已经趋向方波, 有了方波雏形。左下角依次为基波、五次谐波叠加合成的波形; 右下角依次为三次谐波、七次谐波叠加合成波形。

由于原方波信号经傅里叶级数分解后, 偶次谐波不存在, 所以在图中只能观察到奇次谐波。图 7-3 可以明显地观察出结果。

【实验内容及步骤】

(1) 调节函数信号发生器, 使其输出 Vpp(峰-峰值电压)为 5V, 频率为 50Hz 的方波信号, 并将其接至实验仪上"方波信号的分解与合成"实验单元的"波输入"端, 再细调函数信号发生器的

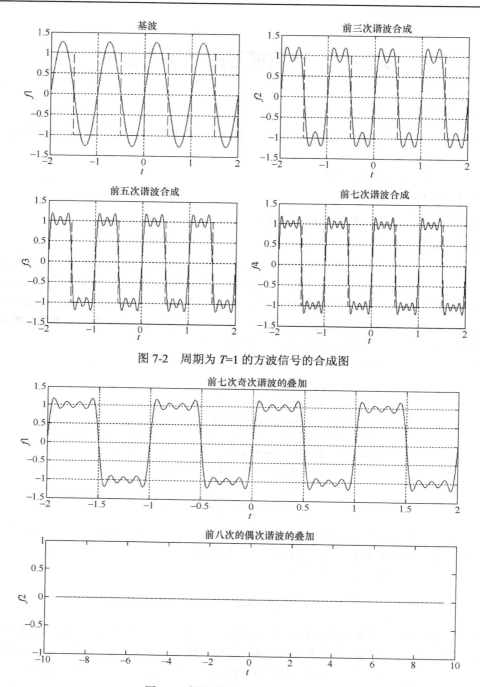

图 7-2　周期为 $T=1$ 的方波信号的合成图

图 7-3　偶次谐波与奇次谐波的对比

输出频率, 使基波 50Hz 成分 BPF 的输出幅度为最大。

(2) 带通滤波器的输出分别接至示波器, 观测各次谐波的幅值, 并列表记录。

(3) 将方波分解所得的基波、三次谐波分别接至加法器的相应输入端, 观测加法器的输出波形, 并记录。

(4) 在步骤(3)基础上, 再将五次谐波分量加到加法器输入端, 观测相加后合成波形, 并记录。

【思考题】

(1) 什么样的周期性函数没有直流分量和余弦项？

(2) 分析理论合成的波形与实验观测到的合成波形之间误差产生的原因。

【实验报告要求】

(1) 根据实验测量所得的数据，在同一坐标纸上绘制方波及其分解后所得的基波和各次谐波的波形，画出其频谱图。

(2) 将所得的基波和三次谐波及其合成波形一同绘制在同一坐标纸上。

(3) 将所得的基波、三次谐波、五次谐波及三者合成的波形一同绘制在同一坐标纸上，并把实验步骤(3)所观测到的合成波形也绘制在同一坐标纸上，进行比较。

(4) 完成思考题。

(高　杨)

实验八 信号的分解与合成 DSP 仿真实验

【实验目的】

(1) 掌握信号分解与合成的原理。

(2) 掌握各次谐波与基波的频谱关系。

【实验仪器】

信号与系统实验仪, 计算机(配有 CCS 2.0 版软件), DSP 仿真器。

【实验原理】

参见实验七的实验原理。

【实验内容与步骤】

1. 实验前准备

(1) 打开实验仪, 将 DSP 实验模块(SIN 为输入口, OUT 为输出口)插在实验仪的合适位置, 将 SW1 的 1、3、5、6 设为"ON", 2、4 设为"OFF"; SW302 的 1 设为"ON", 2 设为"OFF"。

(2) 正确完成计算机、DSP 仿真器和实验模块(J101)、实验仪的连接, 如图 8-1 所示。

图 8-1 实验连接图

(3) 打开实验仪左下角的电源开关, +15V、–15V、+5V、–5V 电源指示灯亮, 表明供电正常, 此时仿真器盒上的"红色小灯"点亮。

2. 运行 CCS2.0 软件

(1) 打开计算机界面下的 CCS 2.0 软件, CCS 2.0 启动后, 用 Project/Open 打开"analy"目录下的"analy.pjt"工程文件, 双击"analy.pjt"及"Source"; 可查看各源程序(图 8-2), 认真阅读并理解各程序。

图 8-2 运行 CCS 2.0 软件

(2) 加载"analy.out"，单击"Run"运行程序。

(3) 用 View/Graph/Time/Frequency 打开一个图形观察窗口；设置该观察图形窗口变量及参数；观察变量为 tem 和 temp，长度为 512，数值类型为 16 位有符号整型变量，如图 8-3 所示。

CCS 仿真图形(一次谐波)如图 8-4 所示。　tem[var]=v(方波)；temp[var]=one[0](一次谐波)。

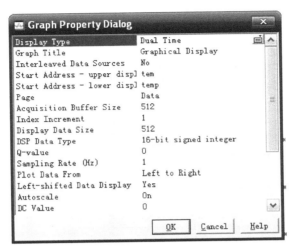

图 8-3　设置观察图形窗口变量及参数

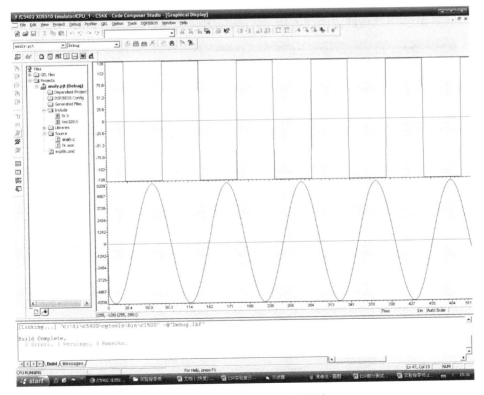

图 8-4　CCS 仿真图形(一次谐波)

CCS 仿真图形(三次谐波)如图 8-5 所示。tem[var]=v(方波)；temp[var]=three[0](三次谐波)。

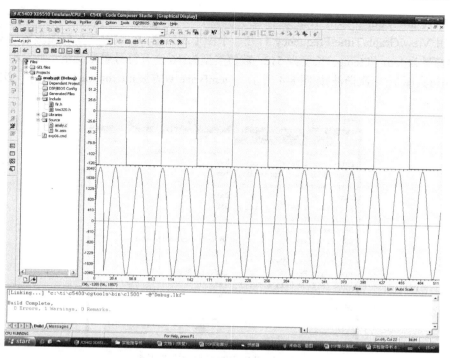

图 8-5　CCS 仿真图形(三次谐波)

CCS 仿真图形(五次谐波)如图 8-6 所示。tem[var]=v(方波); temp[var]=five[0](五次谐波)。

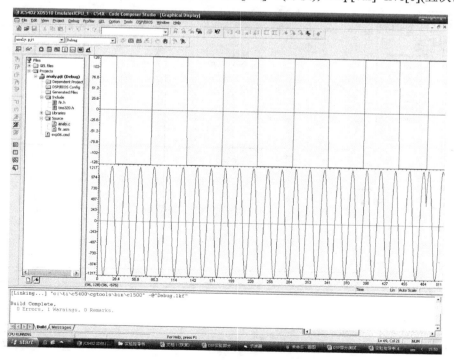

图 8-6　CCS 仿真图形(五次谐波)

CCS 仿真图形(七次谐波)如图 8-7 所示。tem[var]=v(方波); temp[var]=seven[0](七次谐波)。

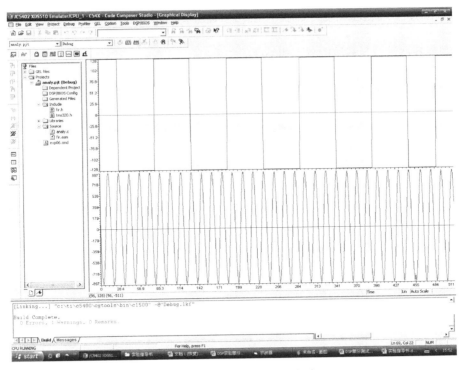

图 8-7　CCS 仿真图形(七次谐波)

CCS 仿真图形(合成波)如图 8-8 所示。tem[var]=v(方波); temp[var]=one[0]+three[0]+five[0]+seven[0] (合成波)。

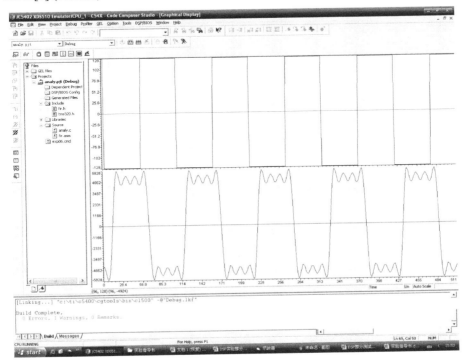

图 8-8　CCS 仿真图形(合成波)

注: 在刷新过程中波形会出现突变现象, 是由于存储图形数据的数组中的数据不断变化的结果, 属正常现象。

(4) 观察各次谐波与基波的频率和幅度的关系。

(5) 观察各次谐波频谱图。

观察参数设置, 如图 8-9 所示。

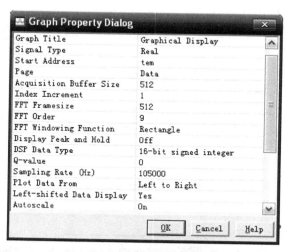

图 8-9　观察参数设置

CCS 仿真图形(方波频谱图)如图 8-10 所示。　tem[var]=v(方波频谱图)。

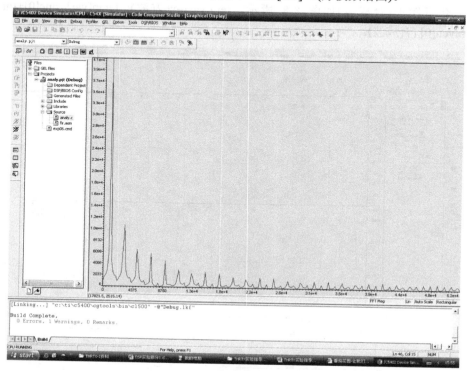

图 8-10　CCS 仿真图形(方波频谱图)

CCS 仿真图形(一次谐波频谱图)如图 8-11 所示。tem[var]=one[0](一次谐波频谱图)。

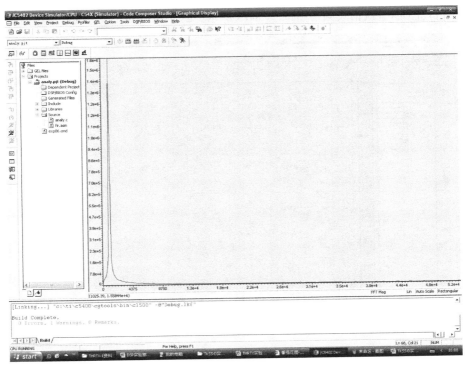

图 8-11　CCS 仿真图形(一次谐波频谱图)

CCS 仿真图形(三次谐波频谱图)如图 8-12 所示。tem[var]=three[0](三次谐波频谱图)。

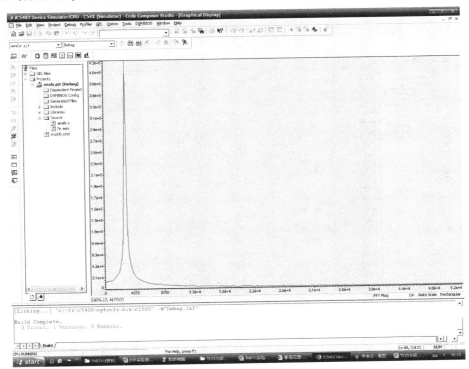

图 8-12　CCS 仿真图形(三次谐波频谱图)

CCS 仿真图形(五次谐波频谱图)如图 8-13 所示。tem[var]=five[0](五次谐波频谱图)。

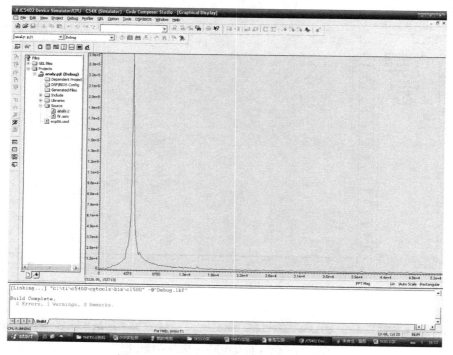

图 8-13　CCS 仿真图形(五次谐波频谱图)

CCS 仿真图形(七次谐波频谱图)如图 8-14 所示。tem[var]=seven[0](七次谐波频谱图)。

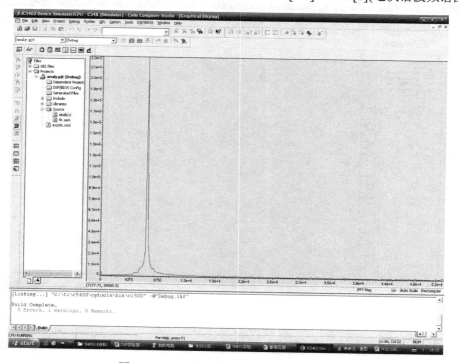

图 8-14　CCS 仿真图形(七次谐波频谱图)

CCS 仿真图形(合成波频谱图)如图 8-15 所示。tem[var]= one[0]+three[0]+five[0]+seven[0](合成波频谱图)。

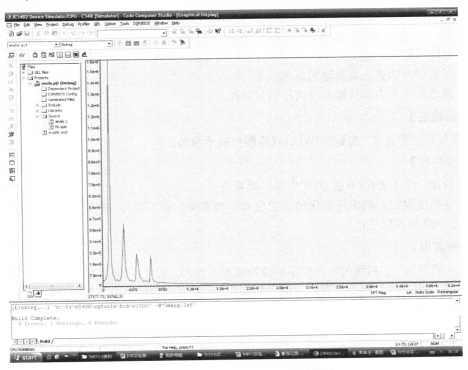

图 8-15　CCS 仿真图形(合成波频谱图)

(6) 观察各次谐波与基波的频率的关系。

关闭窗口，本实验结束。

【思考题】

(1) 什么样的周期性函数没有直流分量和余弦项？

(2) 分析理论合成的波形与实验观测到的合成波形之间误差产生的原因？

【实验报告要求】

(1) 根据实验测量所得的数据，在同一坐标纸上绘制方波及其分解后所得的基波和各次谐波的波形，画出其频谱图。

(2) 将所得的基波和三次谐波及其合成波形一同绘制在同一坐标纸上。

(3) 将所得的基波、三次谐波、五次谐波及七次谐波合成的波形一同绘制在同一坐标纸上，并把实验报告要求(2)所观测到的合成波形也绘制在同一坐标纸上，进行比较。

(4) 完成思考题。

(包　娟)

实验九　信号的无失真传输

【实验目的】

(1) 了解信号的无失真传输的基本原理。

(2) 熟悉信号无失真传输系统的结构与特性。

【实验设备】

信号与系统实验仪，实验模块①，双踪慢扫描示波器。

【实验内容】

(1) 设计一个无源(或有源)的无失真传输系统。

(2) 令幅度固定、频率可变化的正弦信号作为系统的输入信号，测量系统输出信号的幅值和相位(用李萨如图形法)。

【实验原理】

(1) 一般情况下，系统的响应波形和激励波形不相同，信号在传输过程中将产生失真。

线性系统引起的信号失真有两方面因素造成，一是系统对信号中各频率分量幅度产生不同程度的衰减，使响应各频率分量的相对幅度产生变化，引起幅度失真。另一是系统对各频率分量产生的相移不与频率成正比，使响应的各频率分量在时间轴上的相对位置产生变化，引起相位失真。

线性系统的幅度失真与相位失真都不产生新的频率分量。而对于非线性系统则由于其非线性特性对于所传输信号产生非线性失真，非线性失真可能产生新的频率分量。

所谓无失真是指响应信号与激励信号相比，只是大小与出现的时间不同，而无波形上的变化。设激励信号为 $e(t)$，响应信号为 $r(t)$，无失真传输的条件是

$$r(t) = Ke(t - t_0) \tag{9-1}$$

式中，K 是一常数；t_0 为滞后时间。满足此条件时，$r(t)$ 波形是 $e(t)$ 波形经 t_0 时间的滞后，虽然它在幅度方面有系数 K 倍的变化，但波形形状不变。

(2) 为实现无失真传输，对系统函数 $H(j\omega)$ 应提出怎样的要求？

设 $r(t)$ 与 $e(t)$ 的傅里叶变换式分别为 $R(j\omega)$ 与 $E(j\omega)$。借助傅里叶变换的延时定理，从式(9-1)可以写出

$$R(j\omega) = KE(j\omega)e^{-j\omega t_0} \tag{9-2}$$

此外还有

$$R(j\omega) = H(j\omega)E(j\omega) \tag{9-3}$$

所以，为满足无失真传输应有

$$H(j\omega) = Ke^{-j\omega t_0} \tag{9-4}$$

式(9-4)就是对于系统的频率响应特性提出的无失真传输条件。欲使信号在通过线性系统时不产生任何失真，必须在信号的全部频带内，要求系统频率响应的幅度特性是一常数，相位特性是一通过原点的直线，如图 9-1 所示。

(3) 实验电路系统(采用示波器的衰减电路，如图 9-2 所示)。

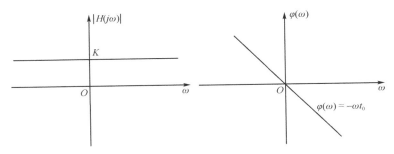

图 9-1　无失真传输系统的幅度和相位特性

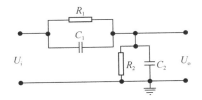

图 9-2　无失真传输的电路图

计算如下：

$$H(\omega)=\frac{U_{\mathrm{o}}(\omega)}{U_{\mathrm{i}}(\omega)}=\frac{\dfrac{\dfrac{R_2}{\mathrm{j}\omega C_2}}{R_2+\dfrac{1}{\mathrm{j}\omega C_2}}}{\dfrac{\dfrac{R_1}{\mathrm{j}\omega C_1}}{R_1+\dfrac{1}{\mathrm{j}\omega C_1}}+\dfrac{\dfrac{R_2}{\mathrm{j}\omega C_2}}{R_2+\dfrac{1}{\mathrm{j}\omega C_2}}}=\frac{\dfrac{R_2}{1+\mathrm{j}\omega R_2 C_2}}{\dfrac{R_1}{1+\mathrm{j}\omega R_1 C_1}+\dfrac{R_2}{1+\mathrm{j}\omega R_2 C_2}} \tag{9-5}$$

如果 $R_1 C_1 = R_2 C_2$，则

$$H(\omega)=\frac{R_2}{R_1+R_2}\ \text{是常数,}\ \ \varphi(\omega)=0 \tag{9-6}$$

式(9-6)满足无失真传输条件。

【实验步骤】

(1) 打开信号与系统实验仪，将实验模块①插入实验仪的固定孔中，连接一个信号无失真传输系统的模拟电路，如图 9-2 所示。

(2) 打开实验仪总电源开关，在模拟电路的输入端输入一个正弦信号，并改变其频率 (10Hz~20kHz)，用示波器观察输出信号的幅值和相位。

【思考题】

为什么输出信号波形与输入信号波形相同？

【实验报告要求】

(1) 画出信号无失真传输系统的模拟电路。

(2) 完成思考题。

(高　杨)

实验十　无源与有源滤波器

【实验目的】

(1) 了解 RC 无源和有源滤波器的种类、基本结构及其特性。

(2) 对比分析无源和有源滤波器的滤波特性。

【实验器材】

信号与系统实验仪，双踪慢扫描示波器。

【实验内容】

(1) 测试无源和有源 LPF(低通滤波器)的幅频特性。

(2) 测试无源和有源 HPF(高通滤波器)的幅频特性。

(3) 测试无源和有源 BPF(带通滤波器)的幅频特性。

(4) 测试无源和有源 BEF(带阻滤波器)的幅频特性。

【实验原理】

1. 有源滤波器和无源滤波器的性能　滤波器是一种使有用频率信号通过而同时抑制无用频率信号的电子装置，在信息处理、数据传送和抑制干扰等自动控制、通信及其他电子系统中应用广泛。滤波一般可分为有源滤波和无源滤波，有源滤波可以使幅频特性比较陡峭，而无源滤波设计简单易行，但幅频特性不如有源滤波器，而且体积较大。从滤波器阶数可分为一阶和高阶，阶数越高，幅频特性越陡峭。高阶滤波器通常可由一阶和二阶滤波器级联而成。采用集成运放构成的 RC 有源滤波器具有输入阻抗高，输出阻抗低，可提供一定增益，截止频率可调等特点。压控电压源型二阶低通滤波电路是一种重要的有源滤波电路，适合作为多级放大器的级联。

由理论分析和结果图比较可得，有源滤波器在通频带内对信号进行了放大，使滤波器具有更大的灵活性，并且有源滤波器的 Q 值优于无源滤波器。从实验结果还可以看出，有源滤波器的截止频率的理论值跟实验值偏差很小，而无源滤波器的截止频率的理论值跟实验值偏差比较大。

无源滤波器和有源滤波器，存在以下的区别:

(1) 工作原理: 无源滤波器是由 LC 等被动元件组成，将其设计为，某频率下极低阻抗，对相应频率谐波电流进行分流，其行为模式为，提供被动式谐波电流旁路通道；而有源滤波器是由电力电子元件和 DSP(digital signal processing)元件等构成的电能变换设备，来检测负载谐波电流，并主动提供对应的补偿电流，补偿后的源电流几乎为纯正弦波，其行为模式为主动式电流源输出。

(2) 谐波处理能力: 无源滤波器只能滤除固定次数的谐波；但完全可以解决系统中的谐波问题，解决企业用电过程中的实际问题，且可以达到国家电力部门的标准；有源滤波器可动态滤除各次谐波。

(3) 系统阻抗变化的影响: 无源滤波器受系统阻抗影响严重，存在谐波放大和共振的危险；而有源滤波不受影响。

(4) 频率变化的影响: 无源滤波器谐振点偏移，效果降低；有源滤波器不受影响。

(5) 负载增加的影响: 无源滤波器可能因为超载而损坏；有源滤波器无损坏之危险，谐波量大于补偿能力时, 仅发生补偿效果不足而已。

(6) 负载变化对谐波补偿效果的影响: 无源滤波器补偿效果随着负载的变化而变化; 有源滤波器不受负载变化影响。

2. 本实验情况 本实验采用的滤波器是对输入信号的频率具有选择性的一个二端口网络, 它允许某些频率(通常是某个频率范围)的信号通过, 而其他频率的信号幅值均要受到衰减或抑制。这些网络可以是由 RLC 元件或 RC 元件构成的无源滤波器, 也可以是由 RC 元件和有源器件构成的有源滤波器。

根据幅频特性所表示的通过或阻止信号频率范围的不同, 滤波器可分为低通滤波器(LPF)、高通滤波器(HPF)、带通滤波器(BPF)和带阻滤波器(BEF)四种。图 10-1 分别为四种滤波器幅频特性的示意图。

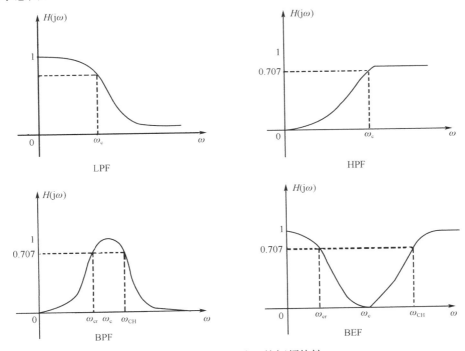

图 10-1 四种滤波器的幅频特性

3. 四种滤波器的传递函数和实验模拟电路 如图 10-2 所示:

4. 滤波器的网络函数 $H(\mathrm{j}\omega)$ 又称为正弦传递函数, 它可用下式表示

$$H(\mathrm{j}\omega) = \frac{\dot{U}_\mathrm{o}(\mathrm{j}\omega)}{\dot{U}_\mathrm{i}(\mathrm{j}\omega)} = A(\omega)\angle\theta(\omega) \tag{10-1}$$

式中, $A(\omega)$ 为滤波器的幅频特性; $\theta(\omega)$ 为滤波器的相频特性。它们均可通过实验的方法来测量。

【实验步骤】

1. 用扫频电源定性观测

(1) 用扫频电源和示波器(或真有效值交流数字毫伏表), 从总体上先观察各类滤波器的滤波特性。将实验仪上"扫频电源"的"输出"端连接到无源或有源 LPF 滤波器的输入端"U_i"和双踪示波器的"CH1"端; 同时将滤波器的输出端"U_o"接示波器或有效值交流数字毫伏表。

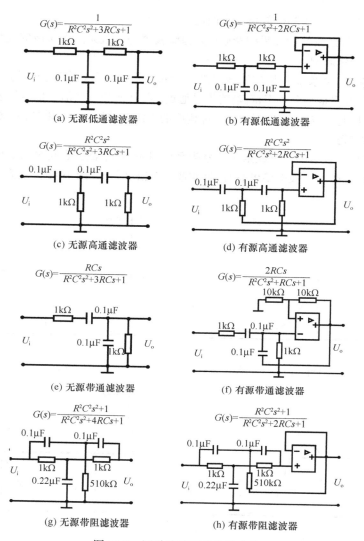

图 10-2　四种滤波器的实验电路

(2) 参照图 10-2(a)、(b)观察无源和有源低通滤波器的幅频特性。

实验时，在保持正弦波信号输出电压幅值不变的情况下，逐渐改变其输出频率，用示波器或实验仪提供的真有效值交流数字毫伏表($f < 200\text{kHz}$)，测量 RC 滤波器输出端的电压 U_o。当改变信号源频率时，都应观测一下 U_i 幅值是否保持恒定，数据如有改变应及时调整。

(3) 参照步骤(2)分别测试无源和有源 HPF、BPF、BEF 的幅频特性。

2. 用函数信号发生器定量观测

(1) 将实验仪上"函数信号发生器"的"输出"端连接到无源或有源 LPF 滤波器的输入端 U_i 和双踪示波器的"CH1"端；同时将滤波器的输出端"U_o"与双踪示波器的"CH2"端相连。

(2) 调节"函数信号发生器"的输出频率和幅值(一般 V_{P-P} 为 8V)，用双踪示波器测量低通滤波器输入、输出端的幅值，并计算其比值，然后描绘其幅频特性。

(3) 用同样的方法测量无源和有源 HPF、BPF、BEF 的幅频特性。

【思考题】

(1) 示波器所测滤波器的实际幅频特性与理想幅频特性有何区别？

(2) 如果要实现 LPF、HPF、BPF、BEF 滤波器之间的转换，应如何连接？

【实验报告要求】

(1) 根据实验测量所得数据，绘制各类滤波器的幅频特性曲线。注意应将同类型的无源和有源滤波器幅频特性绘制在同一坐标平面上，以便比较并计算出特征频率、截止频率和通频带。

(2) 比较分析各类无源和有源滤波器的滤波特性。

(3) 完成思考题。

（高　杨）

实验十一　全通滤波器

【实验目的】

(1) 了解全通滤波器零、极点分布的特点及其模拟电路。

(2) 了解全通滤波器的特性。

【实验设备】

信号与系统实验仪, 实验模块③, 双踪慢扫描示波器。

【实验内容】

(1) 利用 RC 元件构造一个全通滤波器的模拟电路。

(2) 研究全通滤波器的滤波特性。

【实验原理】

全通滤波器具有平坦的频率响应, 也就是说全通滤波器并不衰减任何频率的信号。由此可见, 全通滤波器虽然也叫做滤波器, 但它并不具有通常所说的滤波作用, 大概正是因为这个缘故, 有些教科书上用"全通网络"这个词, 而不叫它全通滤波器。

全通滤波器(APF)虽然并不改变输入信号的频率特性, 但它会改变输入信号的相位。利用这个特性, 全通滤波器可以用做延时器、延迟均衡器等。实际上, 常规的滤波器(包括低通滤波器等)也能改变输入信号的相位, 但幅频特性和相频特性很难兼顾, 使两者同时满足要求。全通滤波器和其他滤波器组合起来使用, 能够很方便地解决这个问题。

在通讯系统中, 尤其是数字通讯领域, 延迟均衡是非常重要的。没有延迟均衡器, 就没有现在广泛使用的宽带数字网络。延时均衡是全通滤波器最主要的用途, 全世界所有生产出来的全通滤波器, 估计有超过 90%的全通滤波器被用于相位校正, 因此全通滤波器也被(不准确的)称为延迟均衡器。

全通滤波器也有其他很多用途。例如, 单边带通讯中, 可以利用全通滤波器得到两路正交的音频信号, 这两路音频信号分别对两路正交的载波信号进行载波抑制调制, 然后叠加就能得到所需要的无载波的单边带调制信号。

(1) 如果线性系统的所有零点都位于 s 平面的右侧, 且它们与极点均以虚轴互成镜像对称分布, 如图 11-1 所示, 这种滤波器系统即是全通滤波器。

(2) 实验模拟电路(图 11-2)。

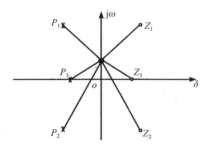

图 11-1　全通滤波器的零、极点分布

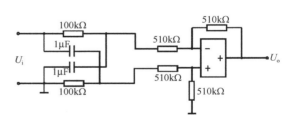

图 11-2　全通滤波器的模拟电路

由电路得

$$\frac{U_{\mathrm{i}}}{R+\frac{1}{C_{\mathrm{s}}}} \times \frac{1}{C_{\mathrm{s}}} - \frac{U_{\mathrm{i}}}{R+\frac{1}{C_{\mathrm{s}}}} \times R = U_{\mathrm{o}} \tag{11-1}$$

$$\frac{(1-RC_{\mathrm{s}})U_{\mathrm{i}}}{RC_{\mathrm{s}}+1} = U_{\mathrm{o}} \tag{11-2}$$

所以

$$G(s) = \frac{U_{\mathrm{o}}(s)}{U_{\mathrm{i}}(s)} = \frac{1-RC_{\mathrm{s}}}{RC_{\mathrm{s}}+1} \tag{11-3}$$

零、极点分布完全符合全通滤波器的要求，它的幅频值为

$$\left|G(\mathrm{j}\omega)\right| = \frac{\sqrt{1+R^2C^2\omega^2}}{\sqrt{1+R^2C^2\omega^2}} = 1 \tag{11-4}$$

令 $U_{\mathrm{i}} = U_{\mathrm{im}}\sin(\omega t)$，其中 U_{im} 保持定值，改变信号的频率 ω，观测并测量输出信号 U_{o} 的幅值 U_{om}。

【实验步骤】

(1) 打开信号与系统实验仪，将实验模块③插入实验仪的固定孔中，如图 11-2 连接全通滤波器的模拟电路。

(2) 打开实验仪总电源开关，将电路的输入端"U_{i}"接到"函数信号发生器"的输出端和双踪示波器的"CH1"输入端，同时将电路的输出端"U_{o}"接到双踪示波器的"CH2"输入端。

(3) 从"函数信号发生器"的输出端输出一正弦信号，保持其幅值不变(如 $V_{\mathrm{P-P}}$=4V)，然后改变"函数信号发生器"的输出频率(10Hz~10kHz)，在示波器上观测滤波器输出信号的幅值是否等于输入信号的幅值。

【思考题】

(1) 为什么全通滤波器输出信号的幅值不随输入信号的频率改变而改变？

(2) 全通滤波器输出信号的相位是否与输入信号的相位相等？

(3) 全通滤波器与信号的无失真传输系统有何不同？

【实验报告要求】

(1) 画出全通滤波器的模拟电路图，并标明电路中相关元件的参数值。

(2) 根据全通滤波器的输入-输出测量信号，分析全通滤波器的特性。

(3) 完成思考题。

(商清春)

实验十二 滤波器的组成与变换

【实验目的】

(1) 通过本实验进一步理解低通、高通和带通等不同类型滤波器间的转换关系。

(2) 熟悉低通、高通、带通和带阻滤波器的模拟电路。

【实验设备】

信号与系统实验仪,实验模块⑤,双踪慢扫描示波器。

【实验内容】

(1) 由低通滤波器变换为高通滤波器。

(2) 由高通滤波器变换为低通滤波器。

(3) 在一定条件下,由低通和高通滤波器构成带通滤波器。

(4) 在一定条件下,由低通和高通滤波器构成带阻滤波器。

【实验原理】

(1) 由于高通滤波器与低通滤波器间有着下列的关系:

$$H_H(j\omega) = 1 - H_L(j\omega) \tag{12-1}$$

式中, $H_H(j\omega)$ 为高通滤波器的幅频特性; $H_L(j\omega)$ 为低通滤波器的幅频特性。如果已知 $H_L(j\omega)$,就可由式(12-1)求得对应的 $H_H(j\omega)$;反之亦然。

现令

$$H_L(j\omega) = \frac{1}{1 + RCj\omega} \tag{12-2}$$

则

$$H_H(j\omega) = 1 - \frac{1}{1 + RCj\omega} = \frac{RCj\omega}{1 + RCj\omega} \tag{12-3}$$

与式(12-2)、式(12-3)对应的无源和有源滤波器的模拟电路图分别如图 12-1 和图 12-2 所示。

(2) 带通滤波器的幅频特性 $H_{BP}(j\omega)$ 与低通、高通滤波器幅频特性间的关系:

设 ω_{CL} 为低通滤波器的带宽频率, ω_{CH} 为高通滤波器的带宽频率,如果 $\omega_{CL} > \omega_{CH}$,则由它们可构成一个带通滤波器,它们之间的关系可用下式表示为

$$H_{BP}(j\omega) = H_L(j\omega) \times H_H(j\omega)$$

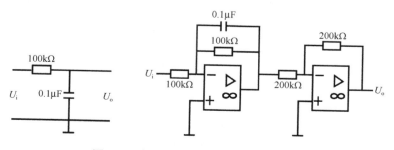

图 12-1　低通滤波器的模拟电路图

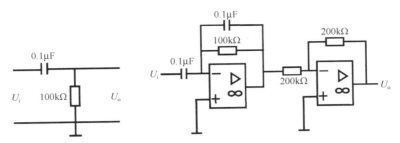

图 12-2　高通滤波器的模拟电路图

如令 $H_L(j\omega) = \dfrac{1}{1+0.001j\omega}$，$H_H(j\omega) = \dfrac{0.01j\omega}{1+0.01j\omega}$

则

$$H_{BP}(j\omega) = \frac{1}{1+0.001j\omega} \times \frac{0.01j\omega}{1+0.01j\omega} = \frac{0.01j\omega}{0.00001(j\omega)^2 + 0.011j\omega + 1} \tag{12-4}$$

对应的模拟电路图如图 12-3 所示。

（3）带阻滤波器的幅频特性 $H_{BS}(j\omega)$ 与低通、高通滤波器幅频特性间的关系：如果低通滤波器的带宽频率 ω_{CL} 小于高通滤波器的带宽频率 ω_{CH}，则由它们可构成一个带阻滤波器，它们之间的关系可用下式表示为

$$H_{BS}(j\omega) = H_L(j\omega) + H_H(j\omega)$$

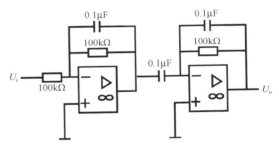

图 12-3　带通滤波器的模拟电路图

如令 $H_L(j\omega) = \dfrac{1}{1+0.01j\omega}$，$H_H(j\omega) = \dfrac{0.001j\omega}{1+0.001j\omega}$

则

$$H_{BS}(j\omega) = \frac{1}{1+0.1j\omega} + \frac{0.001j\omega}{1+0.001j\omega} = \frac{1+0.002j\omega + 0.0001(j\omega)^2}{1+0.101j\omega + 0.0001(j\omega)^2} \tag{12-5}$$

对应的模拟电路图如图 12-4 所示。

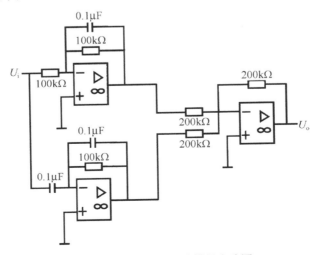

图 12-4　带阻滤波器的模拟电路图

【实验步骤】

(1) 打开信号与系统实验仪,将实验模块⑤插入实验仪的固定孔中,打开实验仪总电源开关。

(2) 把实验仪上"函数信号发生器"的输出端与图 12-1 中的有源(或无源)低通滤波器的输入端和双踪示波器的 CH1 输入端相连,同时将低通滤波器的输出端与双踪示波器的 CH2 输入端相连,当信号发生器输出一个正弦信号且其信号频率由小到大(2~100Hz)改变时,用示波器观察其低通滤波器输出幅值的变化。

(3) 按步骤(1)的接线方法,连接图 12-2、图 12-3、图 12-4 滤波器的实验电路,当信号发生器输出一个正弦信号且其信号频率由小到大改变时,用示波器分别观察高通(2~100Hz)、带通(2Hz~1kHz)、带阻(2Hz~1kHz)滤波器输出幅值的变化。

【思考题】

(1) 由低通、高通构成带通、带阻滤波器有何条件?
(2) 有源滤波器与无源滤波器的频率特性有何不同?

【实验报告要求】

(1) 画出由低通滤波器和高通滤波器构成带通、带阻滤波器的模拟电路。
(2) 画出各种滤波器实验的频率特性曲线。
(3) 完成思考题。

(商清春)

实验十三　巴特沃斯(Butterworth)低通滤波器

【实验目的】

(1) 掌握巴特沃斯模拟滤波器的实现方法。

(2) 通过实验，进一步深入理解巴特沃斯滤波器的特性。

【实验设备】

信号与系统实验仪，实验模块⑥，双踪慢扫描示波器。

【实验内容】

分别设计截止频率 $f_H = 100\text{Hz}$ 的二阶、三阶、四阶巴特沃斯低通滤波器。

【实验原理】

Butterworth 低通滤波器是一种常用的简单滤波器，它具有"最平坦幅度"特性，其幅频响应的表达式为

$$\left| H(\text{j}\omega) \right| = \frac{1}{\sqrt{1 + \left(\dfrac{\omega}{\omega_0}\right)^{2N}}} \tag{13-1}$$

由式(13-1)绘制的幅频特性曲线如图 13-1 所示。

由图可知，随着 N 值的增加，幅频特性曲线越接近于理想滤波器的特性。由式(13-1)得

$$\left| H(\text{j}\omega) \right|^2 = \frac{1}{1 + \left(\dfrac{\omega}{\omega_0}\right)^{2N}} \tag{13-2}$$

令 $\omega = \dfrac{s}{\text{j}}$，代入上式，得

$$\left| H(s) \right|^2 = \frac{1}{1 + \left(\dfrac{\omega}{\omega_0}\right)^{2N}} = \frac{1}{1 + \left(\dfrac{1}{\text{j}}\right)^{2N} \left(\dfrac{s}{\omega_0}\right)^{2N}} = \frac{1}{1 + (-1)^N \left(\dfrac{s}{\omega_0}\right)^{2N}} \tag{13-3}$$

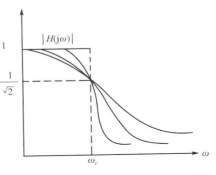

图 13-1　Butterworth 低通滤波器幅频特性曲线图

由式(13-3)求得 $\left| H(s) \right|^2$ 的极点 s_K 为

$$\frac{s_K}{\omega_0} = \begin{cases} 1 & (N\text{为奇数}) \\ -1 & (N\text{为偶数}) \end{cases}$$

即

$$s_K = \omega_0 \text{e}^{\text{j}\left(\frac{2kN}{2N}\right)}, N\text{ 为奇数}, k = 1, 2, 3\cdots\cdots \tag{13-4}$$

$$s_K = \omega_0 \text{e}^{\text{j}\left[\frac{(2k-1)\pi}{2N}\right]}, N\text{ 为偶数}, k = 1, 2, 3\cdots\cdots \tag{13-5}$$

由式(13-4)、(13-5)可知，无论 N 为奇数还是偶数，s_K 均分布在以 s 平面的原点为圆心，半

径为 ω_0 的圆周上。为便于分析，取 $\omega_0 =1$，即令 $\dfrac{s}{\omega_0}$ 为归一化频率，其符号仍以 s 表示。根据式 (13-4)、(13-5)，画出 N=2、3 和 4 三种情况下 $|H(s)|^2$ 在 s 平面上的极点分布，如图 13-2 所示。

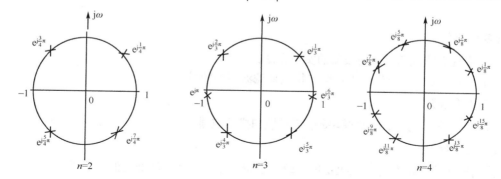

图 13-2 N=2、3 和 4 时系统极点的分布

下面以 N=2 为例，说明如何由 $|H(s)|^2$ 的极点分布确定 $H(s)$ 的表达式。由式(13-3)得

$$|H(s)|^2 = \frac{1}{s^4} \tag{13-6}$$

解得

$$s_K = e^{j\frac{1}{4}\pi},\ e^{j\frac{3}{4}\pi},\ e^{j\frac{5}{4}\pi},\ e^{j\frac{7}{4}\pi}$$

取 s 左半平面上的极点 $e^{j\frac{3}{4}\pi}$ 和 $e^{j\frac{5}{4}\pi}$ 构成 $H(s)$。即

$$H(s) = \frac{1}{B(s)} = \frac{1}{(s-e^{j\frac{3}{4}\pi})(s-e^{j\frac{5}{4}\pi})} = \frac{1}{s^2+\sqrt{2}s+1} \tag{13-7}$$

用同样的方法，求得 N=3 和 N=4 时滤波器的表达式分别为

$$H(s) = \frac{1}{s^3+2s^2+2s+1} \qquad (N=3) \tag{13-8}$$

$$H(s) = \frac{1}{s^4+2.613s^3+3.414s^2+2.613s+1} \qquad (N=4) \tag{13-9}$$

【实验电路图】

(1) N=2 时，实验线路如图 13-3 所示。

$$H(s) = \frac{U_o(s)}{U_i(s)} = \frac{A_0}{1+(3-A_0)RCs+(RCs)^2} \tag{13-10}$$

令 $\omega_0 = \dfrac{1}{RC}$，$Q = \dfrac{1}{3-A_0}$，则上式可写为

$$H(s) = \frac{A_0\omega_0^2}{s^2+\dfrac{\omega_0}{Q}s+\omega_0^2} \tag{13-11}$$

式中 $Q = 0.707$，$A_0 = 3-\dfrac{1}{Q} = 3-\sqrt{2} = 1.586$，$\omega_0 = 2\pi f = 628\text{rad/s}$。

(2) N=3 时，实验线路如图 13-4 所示。

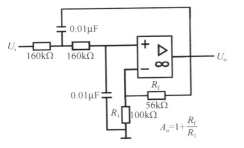

图 13-3 $N=2$ 时系统实验电路图

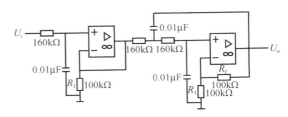

图 13-4 $N=3$ 时系统实验电路图

$$H(s) = \frac{A_{01}A_{02}}{R^3C^3s^3 + (4-A_{02})R^2C^2s^2 + (4-A_{02})RCs + 1} \tag{13-12}$$

其中，$A_{01}=1$，$A_{02}=2$，$RC=\dfrac{1}{628}$s/rad。

(3) $N=4$ 时，实验线路如图 13-5 所示。

$$H(s) = \frac{A_{01}}{1+(3-A_{01})RCs+R^2C^2s^2} \times \frac{A_{02}}{1+(3-A_{02})RCs+R^2C^2s^2} \tag{13-13}$$

其中，$A_{01}=1.152$，$A_{02}=2.574$，$RC=\dfrac{1}{628}$s/rad。

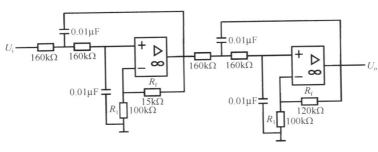

图 13-5 $N=4$ 时系统实验电路图

【实验步骤】

(1) 打开信号与系统实验仪，将实验模块⑥插入实验仪的固定孔中，打开实验仪总电源开关。

(2) 按图 13-3 连接实验电路，将实验仪上"函数信号发生器"的输出端与图 13-3 中二阶低通滤波器的输入端和双踪示波器的 CH1 输入端相连，同时将低通滤波器的输出端与双踪示波器的 CH2 输入端相连，当信号发生器输出一个正弦信号且其信号频率由小到大(5Hz~1kHz)改变时，用示波器观察其低通滤波器输出幅值的变化。

(3) 按步骤(2)的接线方法，连接图 13-4、图 13-5 中滤波器的实验电路，当信号发生器输出一个正弦信号且其信号频率由小到大(5Hz~1kHz)改变时，用示波器分别观察三阶、四阶低通滤波器输出幅值的变化。

【实验报告要求】

(1) 画出示波器观察到的低通滤波器输出幅值的变化。

(2) 分别画出示波器观察到的三阶、四阶低通滤波器输出幅值的变化。

(商清春)

实验十四　切比雪夫低通滤波器

【实验目的】

通过实验，进一步了解切比雪夫滤波器的原理和特性。

【实验设备】

信号与系统实验仪，实验模块⑦，双踪慢扫描示波器。

【实验内容】

分别设计符合下列要求的切比雪夫低通滤波器。

(1) 当 $\omega = 100\text{rad/s}$ 时，$A_p = 1\text{dB}$，当 $\omega \geq 300\text{rad/s}$ 时，$A_s \geq 20\text{dB}$。

(2) 当 $\omega = 100\text{rad/s}$ 时，$A_p = 1\text{dB}$，当 $\omega \geq 200\text{rad/s}$ 时，$A_s \geq 20\text{dB}$。

【实验原理】

切比雪夫滤波器比同阶的巴特沃斯滤波器具有更陡峭的过渡带特性和更优的阻滞衰减特性。切比雪夫低通滤波器的模平方函数定义为

$$A^2(\Omega) = \left| H_a(j\Omega) \right|^2 = \frac{1}{1 + \varepsilon^2 T_N^2\left(\dfrac{\Omega}{\Omega_p}\right)} \tag{14-1}$$

其中，ε 为决定 $\left| H_a(j\Omega) \right|$ 起伏幅度的系数；N 为滤波器的阶数；$T_N(\Omega)$ 为切比雪夫的 N 阶多项式，它定义为

$$T_N(\Omega) = \begin{cases} \cos(N\ \cos^{-1}(\Omega)) & |\Omega| \leq 1 \\ \text{ch}(N\ \text{ch}^{-1}(\Omega)) & |\Omega| > 1 \end{cases} \tag{14-2}$$

若令式(14-2)中 $\cos^{-1}\Omega = x$，则可导出 $|\Omega| < 1$ 时，切比雪夫多项式为

$$T_0(\Omega) = 1$$
$$T_1(\Omega) = \cos x = \Omega$$
$$T_2(\Omega) = \cos 2x = 2\cos^2 x - 1 = 2\Omega^2 - 1$$
$$T_3(\Omega) = \cos 3x = 4\Omega^3 - 3\Omega \tag{14-3}$$
$$T_4(\Omega) = 8\Omega^4 - 8\Omega^2 + 1$$
$$\vdots$$
$$T_N(\Omega) = \cos Nx = 2\Omega T_{N-1}(\Omega) - T_{N-2}(\Omega)$$

切比雪夫滤波器的幅频特性为

$$\left| H(j\omega) \right| = \frac{1}{\sqrt{1 + \varepsilon^2 T_N^2\left(\dfrac{\omega}{\omega_c}\right)}} \tag{14-4}$$

式中，ω_c 为通带频率。

衰减系数

$$\alpha = -20\lg\left| H(j\omega) \right| = 10\lg\left(1 + \varepsilon^2 T_N^2\left(\frac{\omega}{\omega_c}\right)\right)$$

滤波器阶数 N 的确定

$$N = \frac{\text{arch}\left[\sqrt{\left(10^{0.1\alpha_{\min}}-1\right)\Big/\left(10^{0.1\alpha_{\max}}-1\right)}\right]}{\text{arch}\left(\dfrac{\omega_s}{\omega_c}\right)}$$

式中，$\alpha_{\min}$ 为阻滞允许的最小衰减；$\alpha_{\max}$ 为通带允许的最大衰减。N 取正整数。

切比雪夫滤波器传递函数的极点分布为

$$\left|H(\text{j}\omega)\right|^2 = H(\text{j}\omega)H(-\text{j}\omega) = \frac{1}{1+\varepsilon^2 T_N^2\left(\dfrac{\omega}{\omega_c}\right)} \tag{14-5}$$

令 $\omega = \dfrac{s}{\text{j}}$，代入上式得

$$H(s)H(-s) = \frac{1}{1+\varepsilon^2 T_N^2\left(\dfrac{s}{\text{j}\omega_c}\right)} \tag{14-6}$$

为分析方便起见，将 $\dfrac{s}{\omega_c}$ 仍记为 s，即归一化处理，则式(14-6)可改写为

$$H(s)H(-s) = \frac{1}{1+\varepsilon^2 T_N^2\left(\dfrac{s}{\text{j}}\right)}$$

令式(14-6)的极点为 $s_k = \sigma_k + \text{j}\omega_k$，理论证明

$$\left.\begin{aligned}\sigma_k &= \pm\sin\left(\frac{2k-1}{N}\times\frac{\pi}{2}\right)\text{sh}\left(\frac{1}{N}\text{sh}^{-1}\frac{1}{\varepsilon}\right)\\\omega_k &= \cos\left(\frac{2k-1}{N}\times\frac{\pi}{2}\right)\text{ch}\left(\frac{1}{N}\text{sh}^{-1}\frac{1}{\varepsilon}\right)\end{aligned}\right\}(k=1,2,\cdots N)$$

设

$$a = \text{sh}\left(\frac{1}{N}\text{sh}^{-1}\frac{1}{\varepsilon}\right)$$

$$b = \text{ch}\left(\frac{1}{N}\text{sh}^{-1}\frac{1}{\varepsilon}\right)$$

则由上式得

$$\frac{\sigma_k^2}{a^2} + \frac{\omega_k^2}{b^2} = 1 \tag{14-7}$$

当给定 ε 和 N 后，就可从式(14-6)中解出极点 s_k，并取位于 s 左半平面上的极点为 $H(s)$ 的极点，由此导出 $H(s)$ 的表达式。

【实验电路图】

(1) $N=2$ 时，实验线路如图 14-1 所示。

$$H(s) = \frac{190\times10^2}{s^2 + 108s + 100\times10^2}$$

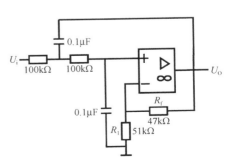

图 14-1 二阶切比雪夫低通滤波器

(2) $N=3$ 时，实验线路如图 14-2 所示。

$$H(s) = \frac{10^4}{(1+0.02s)(s^2+50s+10^4)}$$

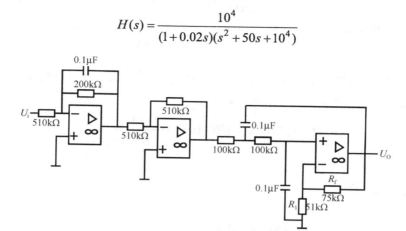

图 14-2　三阶切比雪夫低通滤波器

【实验步骤】

(1) 打开信号与系统实验仪，将实验模块⑦插入实验仪的固定孔中，打开实验仪总电源开关。

(2) 按图 14-1 连接实验电路，将实验仪上"函数信号发生器"的输出端与图 14-1 中二阶低通滤波器的输入端和双踪示波器的 CH1 输入端相连，同时将低通滤波器的输出端与双踪示波器的 CH2 输入端相连，当信号发生器输出一个正弦信号且其信号频率由小到大(2~200Hz)改变时，用示波器观察其低通滤波器输出幅值的变化。

(3) 按步骤(2)的接线方法，连接图 14-2 中滤波器的实验电路，当信号发生器输出一个正弦信号且其信号频率由小到大(2~200Hz)改变时，用示波器观察三阶低通滤波器输出幅值的变化。

【实验报告要求】

(1) 观察并记录输入和输出的波形。

(2) 说明切比雪夫滤波器的原理。

（商清春）

实验十五　开关电容滤波器

【实验目的】

(1) 了解开关电容滤波器的原理。

(2) 了解开关电容滤波器 MF10 的使用方法。

【实验设备】

信号与系统实验仪，实验模块⑧，双踪慢扫描示波器。

【实验内容】

(1) 了解开关电容滤波器的原理。

(2) 掌握集成开关电容滤波器 MF10 的特性与使用方法。

【实验原理】

1. 开关电容的原理　　开关电容电路(SC 电路)是由开关和电容构成的电路, SC 电路中的开关一般为 MOS 场效应管开关。简单的 SC 电路如图 15-1 所示。两个 MOS 管的栅极分别由两个相位相反的时钟信号 Φ 和 $\overline{\Phi}$ 控制, 时钟信号的周期为 T, 占空比为 1/2, 如图 15-1 所示。因此, 两个开关交替导通, 相当于一个单刀双掷开关 S, 将这样一个开关电容电路接在两个端口 A 和 B 之间, 如图 15-1 所示。

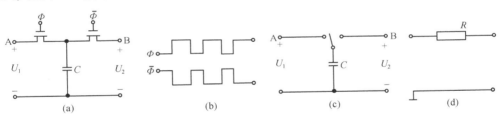

图 15-1　开关电容等效为电阻

设在时钟信号的前半周, 开关打向 A 端, U_1 给电容 C 充电, C 中储存电荷量为 $Q_1 = CU_1$。在时钟信号后半周, 开关打向 B 端, 电容 C 向 B 端负载放电, 形成电压 U_2, C 中电荷量变为 $Q_2 = CU_2$。

这样在时钟信号的一个周期 T 内, C 中电荷量的变化为 $\Delta Q = Q_1 - Q_2 = C(U_1 - U_2)$, 通过开关动作和电容的充放电, 使电荷量 ΔQ 由 A 端传送到 B 端, 这等效于有一个电流 μA 由 A 流向 B, 其数值为

$$I = \frac{\Delta Q}{T} = \frac{C}{T}(U_1 - U_2)$$

只要开关频率远大于电压 U_1 和 U_2 的最高频率, 就可假定在时间 T 内 U_1 和 U_2 保持不变, 上述的 SC 电路等效于一个接在 A 和 B 之间的电阻, 如图 15-1 所示, 其阻值为

$$R = \frac{U_1 - U_2}{I} = \frac{T}{C} = \frac{1}{f_{\text{CLK}}} \times \frac{1}{C} \tag{15-1}$$

它与控制开关动作的时钟信号的频率 f_{CLK} 和电容 C 均成反比。这就告诉我们, 滤波器中的电

阻可用 SC 电路来模拟。设某滤波器的滤波频率为

$$f_x = \frac{1}{2\pi R C_x} \tag{15-2}$$

将 R 用 SC 电路来模拟，将式(15-1)代入式(15-2)中，滤波频率为

$$f_x = \frac{f_{CLK}}{2\pi} \times \frac{C}{C_x} \tag{15-3}$$

由式(15-3)可见，开关电容滤波器的滤波频率取决于两电容的比值 C/C_x 和时钟频率 f_{CLK}，这样就为实现滤波器的集成化和数字控制创造了条件。因为按照式(15-2)，f_x 越低，电容 C_x 越大。MOS 集成工艺很难制造大的电阻和电容，而且 RC 常数误差可高达 20%，所以普通 RC 滤波器很难集成化。而按照式(15-3)，时间常数与时钟频率 f_{CLK} 和电容比值 C/C_x 有关，而与每个电容的绝对参数无关，电容绝对参数的精度用 MOS 集成工艺只能控制在 10%以内，但两个电容比值的精度用 MOS 集成工艺却可控制在 1%以内。而且只要保证一定比值的 C/C_x，C 和 C_x 的绝对参数可同时减少，这样就便于用 MOS 集成工艺实现开关电容滤波器而无需外接决定滤波频率的电阻或电容，滤波器的频率仅由输入时钟频率 f_{CLK} 来决定，通常时钟频率 f_{CLK} 应高于信号频率的 50 倍或 100 倍。

2. 开关电容滤波器 MF10 是一种通用型开关电容滤波器集成电路，依外部接法不同，可实现低通、高通、带通、带阻和全通等滤波特性(详细的使用说明可以参阅 MF10 的数据手册)，使用非常方便。MF10 芯片内部集成了两组 MF5，两个 MF5 既可分别构成两个独立的二阶开关电容滤波器，又可级联成四阶开关电容滤波器。MF10 的引脚与内容结构图如图 15-2 所示。

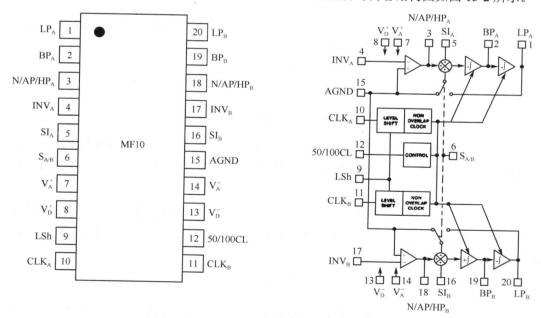

图 15-2　MF10 引脚图和系统结构图

1(20)脚为低通输出端 LPA(LPB)；2(19)脚为带通输出端 BPA(BPB)；3(18)脚为带阻/全通/高通输出端 N/AP/HPA(N/AP/HPB)；4(17)脚为内部运放反相输入端 INVA(INVB)；5(16)脚为求和输入端 SIA(SIB)；10(11)脚为时钟输入 CLKA(CLKB)；12 脚用于设定时钟频率 f_{CLK} 与滤波频率 f_0 的比例

(1) MF10 开关电容滤波器的幅频特性: MF10 开关电容滤波器可设计为低通滤波器(LPF)、高通滤波器(HPF)、带通滤波器(BPF)和带阻滤波器(BEF)等各种滤波器, 其幅频特性的示意图如图 15-3 所示。

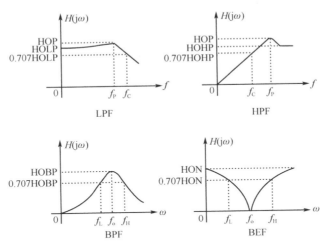

图 15-3　MF10 开关电容滤波器的幅频特性

(2) 开关电容滤波器的电路设计: MF10 通过不同的接法可以有 9 种工作模式, 本实验中使用了第二种和第三种工作模式, 如图 15-4 和图 15-5 所示。

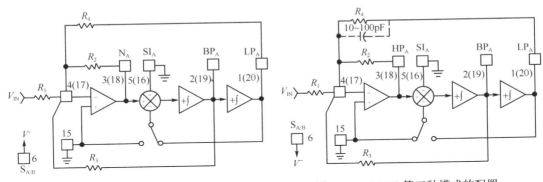

图 15-4　MF10 第二种模式的配置　　　　图 15-5　MF10 第三种模式的配置

在第二种工作模式时可以构成低通、带通和带阻滤波器, 在第三种工作模式时可以构成低通、高通和带通滤波器。其他的工作模式请参照 MF10 的数据手册。

(3) 开关电容滤波器的参数设计: 在本实验系统中, 当选取第二种工作模式时

$$f_{\mathrm{O}} = \frac{f_{\mathrm{CLK}}}{100} \sqrt{\frac{R_2}{R_4}+1} \quad, \quad Q = \frac{\sqrt{R_2/R_4+1}}{R_2/R_3}$$

$$H_{\mathrm{OLP}} = \frac{R_2/R_1}{R_2/R_4+1}, \quad H_{\mathrm{OBP}} = -R_3/R_1, \quad H_{\mathrm{ON}} = -R_2/R_1 \text{。}$$

当选取第三种工作模式时

$$f_{\mathrm{O}} = \frac{f_{\mathrm{CLK}}}{100} \sqrt{\frac{R_2}{R_4}} \quad, \quad Q = \sqrt{\frac{R_2}{R_4}} \times \frac{R_3}{R_2}$$

$$H_{OHP} = -R_2/R_1, \quad H_{OBP} = -R_3/R_1, \quad H_{OLP} = -R_4/R_1 \text{。}$$

根据上述不同的工作模式,可计算出不同滤波器的截止频率,其计算公式如下

低通(LPF)
$$f_c = f_O \times \sqrt{\left(1 - \frac{1}{2Q^2}\right) + \sqrt{\left(1 - \frac{1}{2Q^2}\right)^2 + 1}}$$

高通(HPF)
$$f_c = f_O \times \left(\sqrt{\left(1 - \frac{1}{2Q^2}\right) + \sqrt{\left(1 - \frac{1}{2Q^2}\right)^2 + 1}}\right)^{-1}$$

带通(BPF)或带阻(BEF)
$$f_L = f_O \times \left(\frac{-1}{2Q} + \sqrt{\left(\frac{1}{2Q}\right)^2 + 1}\right)$$

$$f_H = f_O \times \left(\frac{1}{2Q} + \sqrt{\left(\frac{1}{2Q}\right)^2 + 1}\right)$$

【实验步骤】

(1) 打开信号与系统实验仪,将实验模块⑧插入实验仪的固定孔中。

(2) 打开实验仪总电源开关,调节函数信号发生器,使其输出幅度在5V左右。

(3) 用示波器观察 CLK 的波形,该处的波形为100kHz(用频率计测量)左右的方波信号。

(4) 将下面一排的短路帽切换到"LP"处,这样由 MF10 构成一个二阶低通滤波器,将"函数信号发生器"的输出端接到 IN_1 输入端,改变输入频率,用示波器观察 OUT_1 的波形,并且记录低通滤波器的截止频率。

(5) 将下面一排的输入端短路帽切换到"BE"处,这样由 MF10 构成一个二阶带阻滤波器,将"函数信号发生器"的输出端接到 IN_1 输入端,改变输入频率,用示波器观察 OUT_1 的波形,并且记录带阻滤波器的截止频率。

(6) 将上面一排的短路帽分别切换到"BP"和"HP"处,将"函数信号发生器"输出端接到 IN_2 输入端,改变输入频率,用示波器观察 OUT_2 的波形,并且记录滤波器的截止频率。

注: "开关电容滤波器"单元中"LP"和"BE"从左向右最后一个短路帽决定 MF10 的使用模式,当短路帽将"BE"最后两脚相接时,MF10 工作在第二种模式(此时可构成低通、带通和带阻滤波器);当短路帽将"LP"最后两脚相接时,MF10 工作在第三种模式(此时可构成低通、高通和带通滤波器),实验时可根据 MF10 的特性组合出 6 种滤波器。

【实验报告要求】

(1) 观察并记录输入和输出的波形。

(2) 说明开关电容滤波器的原理。

【附录】

(1) 实验线路图(图 15-6)。

(2) 不同滤波器时电阻值的配置

$R_1 = 20\text{k}\Omega$。

LPF: $R_2 = 8.2\text{k}\Omega$, $R_3 = 5.6\text{k}\Omega$, $R_4 = 20\text{k}\Omega$。

HPF: $R_2 = 20\text{k}\Omega$, $R_3 = 24\text{k}\Omega$, $R_4 = 10\text{k}\Omega$。

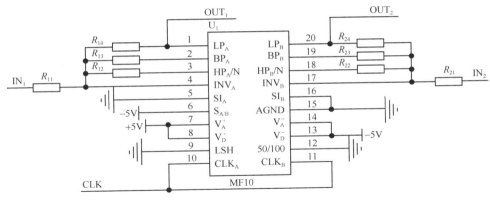

图 15-6　实验线路图

BEF: $R_2=20\mathrm{k}\Omega$, $R_3=20\mathrm{k}\Omega$, $R_4=20\mathrm{k}\Omega$。
BPF: $R_2=12\mathrm{k}\Omega$, $R_3=20\mathrm{k}\Omega$, $R_4=20\mathrm{k}\Omega$。

（杨艳芳）

实验十六　有限冲击响应滤波器(FIR)算法实验

【实验目的】

(1) 掌握用窗函数法设计 FIR 数字滤波器的原理和方法。

(2) 熟悉线性相位 FIR 数字滤波器特性。

(3) 了解各种窗函数对滤波特性的影响。

【实验仪器】

信号与系统实验仪, 双踪慢扫描示波器, 计算机(配有 CCS 2.0 版软件), DSP 仿真器。

【实验原理】

在实际工程设计有限冲击响应数字滤波的时候, 人们最常用的就是窗函数设计法, 然后是频率采样法, 但是上述两种方法都有不足之处, 主要是设计精度不高, 运算量大, 边缘频率不容易确定。优化设计法能弥补上述方法的不足, 能很好地逼近理想数字滤波器。

设计思路和步骤:

FIR 数字滤波器的设计一般是先给出所要求的理想的滤波器的频率响应 $H_d(\mathrm{e}^{\mathrm{j}\omega})$, 然后寻找一组 $h(n)$, 使由其所确定的频率响应 $H(\mathrm{e}^{\mathrm{j}\omega}) = \sum_{n=0}^{N-1} h(n)\mathrm{e}^{-\mathrm{j}\omega n}$ 来逼近 $H_d(\mathrm{e}^{\mathrm{j}\omega})$。设计是在时域进行的, 因而先由 $H_d(\mathrm{e}^{\mathrm{j}\omega})$ 的傅里叶反变换导出 $h_d(n)$, 即

$$h_d(n) = \frac{1}{2\pi} \int_{-\pi}^{\pi} H(\mathrm{e}^{\mathrm{j}\omega n})\mathrm{e}^{\mathrm{j}\omega n}\mathrm{d}\omega \tag{16-1}$$

似乎只需由已知的 $H_d(\mathrm{e}^{\mathrm{j}\omega})$ 求出 $h_d(n)$ 后, 经过 z 变换即可得到滤波器的系统函数。但是事实上, 由于 $H_d(\mathrm{e}^{\mathrm{j}\omega})$ 一般为逐段恒定的, 在边界频率处有不连续点, 因而使对应的 $h_d(n)$ 是无限时宽序列, 且是非因果的, 在物理上无法实现。我们要设计的 FIR 滤波器, 其 $h(n)$ 必然是有限长的, 所以要用有限长的 $h(n)$ 来逼近无限长的 $h_d(n)$, 一个有效的方法是截断 $h_d(n)$, 也就是用一个有限长度的窗口函数序列 $w(n)$ 来截 $h_d(n)$, 即: $h(n) = w(n)h_d(n)$, 并将非因果序列变成因果序列。

以一个截止频率为 ω_c 和零相位的线性相位的理想低通滤波器为例, 其频率特性为

$$H_d(\mathrm{e}^{\mathrm{j}\omega}) = \begin{cases} 1, |\omega| \leqslant \omega_c \\ 0, \omega_c < |\omega| \leqslant \pi \end{cases} \tag{16-2}$$

可以计算出其对应的 $h_d(n)$ 为

$$h_d(n) = \frac{1}{2\pi} \int_{-\omega_c}^{\omega_c} \mathrm{e}^{\mathrm{j}\omega n}\mathrm{d}\omega = \frac{\sin(\omega_c n)}{\pi n} \tag{16-3}$$

这是一个无限长的非因果序列, 为了把它变成有限长的因果序列, 可以先把 $h_d(n)$ 右移 $a = (N-1)/2$ 个采样点, 于是有

$$h'_d(n) = h(n-a) = \frac{\sin[\omega_c(n-a)]}{\pi(n-a)} = \frac{\sin[\omega_c(n-\frac{N-1}{2})]}{\pi(n-\frac{N-1}{2})} \tag{16-4}$$

其相应的传输函数 $H_d(\mathrm{e}^{\mathrm{j}\omega})$ 为

$$h'_d(\mathrm{e}^{\mathrm{j}\omega}) = h_d(\mathrm{e}^{\mathrm{j}\omega})\mathrm{e}^{-\mathrm{j}a\omega} = H_d(\omega)\mathrm{e}^{-\mathrm{j}a\omega} \tag{16-5}$$

然后对 $h_d(n)$ 截取从 0 到 $N-1$ 的 N 点，所得结果用 $h(n)$ 表示，即

$$h(n) = w(n)h'_d(n) \tag{16-6}$$

式中，$w(n)$ 为有限时宽的窗序列，其最简单的形式是矩形窗 $w_R(n)$，从而有

$$h(n) = \begin{cases} h'_d(n), 0 \leqslant n \leqslant N-1 \\ 0, 其他 \end{cases} \tag{16-7}$$

上述过程就是 FIR 滤波器窗函数设计法的基本思想。

一个理想的窗函数应满足以下两项要求：

(1) 窗函数的幅频特性的主瓣要尽可能的窄，以获得较陡的过渡带。

(2) 窗函数的幅频特性的最大旁瓣的幅度要尽可能的小，从而使主瓣包含尽可能多的能量，这样可使肩峰和纹波减少，得到平坦的幅频特性和足够的阻滞衰减。

【实验内容与步骤】

1. 实验前准备

(1) 打开实验仪，将 DSP 实验模块(SIN 为输入口，OUT 为输出口)插在实验仪的合适位置，将 SW1 的 1、3、5、6 设为"ON"，2、4 设为"OFF"；SW302 的 1 设为"ON"，2 设为"OFF"。

(2) 正确完成计算机、DSP 仿真器和实验模块(J101)、实验仪的连接(参考实验八)。

(3) 打开实验仪左下角的电源开关，+15V、−15V、+5V、−5V 电源指示灯亮，表明供电正常，此时仿真器盒上的"红色小灯"点亮。打开实验仪上信号源开关和频率计开关，用 2 号导线连接实验仪上信号源的输出端与 DSP 模块的 SIN 输入端，将频段打到 F4 档，输入幅度为 15V。

2. 运行 CCS2.0 软件

(1) 打开 PC 机界面下的 CCS2.0 软件，用 Project/Open 打开"FIR"目录下的"ExpFIR.pjt"工程文件；双击"ExpFIR.pjt"及"Source"可查看各源程序，认真阅读并理解各程序。如图 16-1 所示。

(2) 加载"Exp FIR.out"；在主程序中，单击"Run"运行程序。

(3) 用双踪示波器观察测试点 SIN 点的信号输入和 OUT 点的信号输出。改变输入信号的频率和幅度观察实验结果，分析产生结果的原因(该滤波器截止频率为 1.2kHz)。

示波器显示波形【上为输入[低频信号(F1、F2、F3 档)]，下为输出】，如图 16-2 所示。

示波器显示波形【上为输入[高频信号(F4~F7 档)]，下为输出】，如图 16-3 所示。

(4) 单击"Animate"运行程序，或按 F10 运行程序；调整观察窗口并观察滤波结果，单击"Halt"停止程序运行，激活"ExpFIR.c"的编辑窗口。

实验结果：在 CCS2.0 环境，同步观察输入信号及其 FIR 低通滤波结果。

【思考题】

用窗函数法设计 FIR 滤波器的有哪几个步骤？

图 16-1 运行 CCS2.0 软件

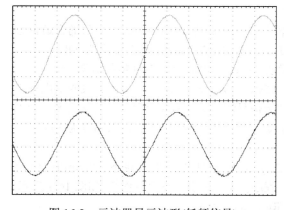

图 16-2 示波器显示波形(低频信号)

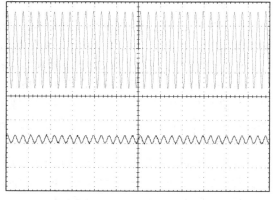

图 16-3 示波器显示波形(高频信号)

【实验报告要求】

(1) 简述用窗函数法设计 FIR 数字滤波器的原理和方法。

(2) 简述线性相位 FIR 数字滤波器特性。

(3) 简述各种窗函数对滤波特性的影响。

(4) 自己设计一串数据应用样例子程序, 进行滤波。

(5) 总结设计 FIR 滤波器的主要步骤。

(6) 完成思考题。

(杨艳芳)

实验十七 无限冲击响应滤波器(IIR)算法实验

【实验目的】

(1) 熟悉设计 IIR 数字滤波器的原理与方法。

(2) 掌握数字滤波器的计算机仿真方法。

(3) 通过观察对实际信号的滤波作用，获得对数字滤波的感性认识。

【实验仪器】

信号与系统实验仪，双踪慢扫描示波器，计算机(配有 CCS 2.0 版软件)，DSP 仿真器。

【实验原理】

1. 用脉冲响应不变法设计 IIR 数字低通滤波器　为了保证转换后的 $H(z)$ 稳定且满足技术要求，对转换关系提出两点要求：

(1) 因果稳定的模拟滤波器转换成数字滤波器，仍是因果稳定的。

(2) 数字滤波器的频率响应模仿模拟滤波器的频响，s 平面的虚轴映射 z 平面的单位圆，相应的频率之间呈线性关系。

设模拟滤波器的传输函数为 $H_a(s)$ ，相应的单位冲激响应是 $h_a(t)$

$$H_a(s) = L[h_a(t)]$$

设模拟滤波器 $H_a(s)$ 只有单阶极点，且分母多项式的阶次高于分子多项式的阶次，将 $H_a(s)$ 用部分分式表示

$$H_a(s) = \sum_{i=1}^{N} \frac{A_i}{s - s_i} \tag{17-1}$$

式中 s_i 为 $H_a(s)$ 的单阶极点。将 $H_a(s)$ 进行逆拉氏变换得到 $h_a(t)$

$$h_a(t) = \sum_{i=1}^{N} A_i e^{s_i nt} u(t) \tag{17-2}$$

式中 $u(t)$ 是单位阶跃函数。对 $h_a(t)$ 进行等间隔采样，采样间隔为 T，得到

$$h(n) = h_a(nT) = \sum_{i=1}^{N} A_i e^{s_i nt} u(nT) \tag{17-3}$$

对上式进行 z 变换，得到数字滤波器的系统函数 $H(z)$

$$H(z) = \sum_{i=1}^{N} \frac{A_i}{1 - e^{s_i T} z^{-1}} \tag{17-4}$$

设 $h_a(t)$ 的采样信号用 $\hat{h}_a(t)$ 表示

$$\hat{h}_a(t) = \sum_{n=-\infty}^{\infty} h_a(t) \delta(t - nT)$$

对 $\hat{h}_a(t)$ 进行拉氏变换，得到

$$\hat{H}_a(s) = \int_{-\infty}^{\infty} \hat{h}_a(t)e^{-st}dt$$

$$= \int_{-\infty}^{\infty}\left[\sum_{n=0}^{\infty} h_a(t-nT)\right]e^{-st}dt$$

$$= \int_{-\infty}^{\infty} (nT)e^{-snT}dt$$

式中 $h_a(nt)$ 是 $h_a(t)$ 在采样点 $t = nT$ 时的幅度值,它与序列 $h(n)$ 的幅度值相等,即 $h(n) = h_a(nT)$,因此得到

$$\hat{H}_a(s) = \sum_{n=0}^{\infty} h(n)e^{-snT} = \sum_{n=0}^{\infty} h(n)z^{-n}\Big|_{z=e^{sT}} = H(z)\Big|_{z=e^{sT}} \tag{17-5}$$

式(17-5)表示采样信号的拉氏变换与相应的序列的 z 变换之间的映射关系可用下式表示

$$z = e^{sT} \tag{17-6}$$

我们知道模拟信号 $h_a(t)$ 的傅里叶变换 $H_a(j\omega)$ 和其采样信号的傅里叶变换之间的关系满足式(17-5),重写如下:

$$\hat{H}_a(j\omega) = \frac{1}{T}\sum_{k=-\infty}^{\infty} H_a(j\omega - jk\omega_s) \tag{17-7}$$

将 $s = j\omega$ 代入上式,得

$$\hat{H}_a(s) = \frac{1}{T}\sum_{k} H_a(s - jk\omega_s) \tag{17-8}$$

由式(17-5)和式(17-8)得到:

$$H(z)\Big|_{z=e^{st}} = \frac{1}{T}\sum_{k} H_a(s - jk\omega_s) \tag{17-9}$$

式(17-9)表明将模拟信号 $h_a(t)$ 的拉氏变换在 s 平面上沿虚轴按照周期 $\omega_s = \dfrac{2\pi}{T}$ 延拓后,再按照式(17-6)映射关系,映射到 z 平面上,就得到 $H(z)$。式(17-6)可称为标准映射关系。下面进一步分析这种映射关系。设

$$s = \sigma + j\omega$$
$$z = re^{j\theta}$$

按照式(17-6),得到

$$re^{j\theta} = e^{\sigma T}e^{j\omega T}$$

因此得到:

$$\begin{cases} r = e^{\sigma T} \\ \theta = \omega T \end{cases} \tag{17-10}$$

那么

$$\sigma = 0, r = 1$$
$$\sigma < 0, r < 1$$
$$\sigma > 0, r > 1$$

另外,注意到 $z = e^{sT}$ 是一个周期函数,可写成

$$e^{sT} = e^{\sigma T}e^{j\omega T} = e^{\sigma T}e^{j(\omega + \frac{2\pi}{T}M)T} \qquad M = 1,2,3,\cdots$$

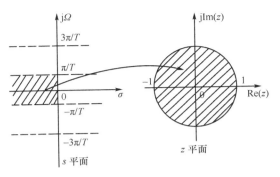

图 17-1　$z = \mathrm{e}^{sT}$，s 平面与 z 平面之间的映射关系

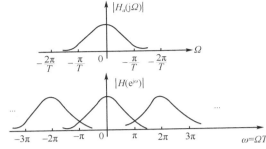

图 17-2　脉冲响应不变法的频率混叠现象

假设 $\hat{H}_a(\mathrm{j}\omega)$ 没有频率混叠现象，即满足

$$H_a(\mathrm{j}\omega) = 0, |\omega| \geqslant \pi/T$$

按照式(17-9)，并将关系式 $s = \mathrm{j}\omega$ 代入，$\theta = \omega T$，代入得到

$$H(\mathrm{e}^{\mathrm{j}\omega}) = \frac{1}{T} H_a(\mathrm{j}\frac{\omega}{T}), |\omega| < \pi$$

令

$$h(n) = T h_a(nT)$$

$$H(z) = \sum_{i=1}^{N} \frac{T A_i}{1 - \mathrm{e}^{s_i T} z^{-1}}$$

$$H(\mathrm{e}^{\mathrm{j}\omega}) = H_a(\mathrm{j}\omega/T), |\omega| < \pi$$

一般 $H_a(s)$ 的极点 s_i 是一个复数，且以共轭成对的形式出现，在式(17-8)中将一对复数共轭极点放在一起，形成一个二阶基本节。如果模拟滤波器的二阶基本节的形式为

$$\frac{s + \sigma_1}{(s + \sigma_1)^2 + \omega_1^2}，\text{点为} -\sigma_1 \pm \mathrm{j}\omega_1 \tag{17-11}$$

可以推导出相应的数字滤波器二阶基本节(只有实数乘法)的形式为

$$\frac{1 - z^{-1}\mathrm{e}^{-\sigma_1 T}\cos\omega_1 T}{1 - 2z^{-1}\mathrm{e}^{-\sigma_1 T}\cos\omega_1 T + z^{-2}\mathrm{e}^{2\sigma_1 T}} \tag{17-12}$$

如果模拟滤波器二阶基本节的形式为 $\dfrac{\omega_1}{(s + \sigma_1)^2 + \omega_1^2}$，极点为 $-\sigma_1 \pm \mathrm{j}\omega_1$。

可以推导出相应的数字滤波器二阶基本节(只有实数乘法)的形式为

$$\frac{z^{-1}\mathrm{e}^{-\sigma_1 T}\sin\omega_1 T}{1 - 2z^{-1}\mathrm{e}^{-\sigma_1 T}\cos\omega_1 T + z^{-2}\mathrm{e}^{2\sigma_1 T}}$$

2. 用双线性变换法设计 IIR 数字低通滤波器　正切变换实现频率压缩：

$$\Omega = \frac{2}{T}\tan(\frac{1}{2}\Omega_1 T) \tag{17-13}$$

式中 T 仍是采样间隔，当 Ω_1 从 $-\pi/T$ 经过 0 变化到 π/T 时，Ω 则由 $-\infty$ 经过 0 变化到 $+\infty$，实现了 s 平面上整个虚轴完全压缩到 s_1 平面上虚轴的 $\pm\pi/T$ 之间的转换。这样便有

$$s = \frac{2}{T} \operatorname{th}(\frac{1}{2}\varOmega_1 T) = \frac{2}{T} \frac{1 - e^{-s_1 T}}{1 + e^{-s_1 T}} \tag{17-14}$$

再通过 $z = e^{s_1 T}$ 转换到 z 平面上，得到

$$s = \frac{2}{T} \frac{1 - z^{-1}}{1 + z^{-1}} \tag{17-15}$$

$$z = \frac{\frac{2}{T} + s}{\frac{2}{T} - s} \tag{17-16}$$

下面分析模拟频率 $\varOmega$ 和数字频率 ω 之间的关系(图 17-3，图 17-4，图 17-5，表 17-1)。

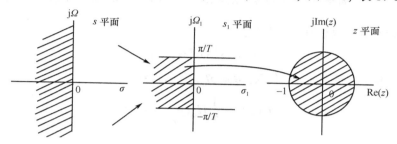

图 17-3　双线性变换法的映射关系

令 $s = j\varOmega$，$z = e^{j\omega}$，并代入式(17-15)中，有

$$j\varOmega = \frac{2}{T} \frac{1 - e^{-j\omega}}{1 + e^{-j\omega}}$$

$$\varOmega = \frac{2}{T} \tan \frac{1}{2}\omega \tag{17-17}$$

设

$$H_a(s) = \frac{A_0 + A_1 s + A_2 s^2 + \cdots + A_k s^k}{B_0 + B_1 s + B_2 s^2 + \cdots + B_k s^k}$$

$$H(z) = H_a(s) \Big|_{s = \frac{1 - z^{-1}}{1 + z^{-1}}}, C = \frac{2}{T}$$

$$H(z) = \frac{a_0 + a_1 z^{-1} + a_2 z^{-2} + \cdots + a_k z^{-k}}{1 + b_1 z^{-1} + b_2 z^{-2} + \cdots + b_k z^{-k}}$$

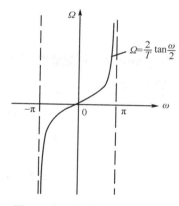

图 17-4　双线性变换法的频率
变换关系

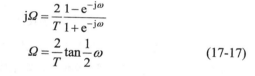

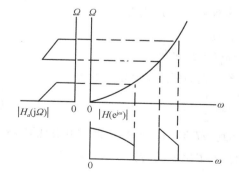

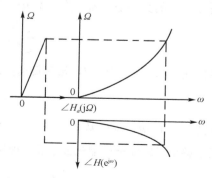

图 17-5　双线性变换法幅度和相位特性的非线性映射

表 17-1　系数关系表

$k=1$	A	B_0+B_1C
	a_0	$(A_0+A_1C)/A$
	a_1	$(A_0-A_1C)/A$
	b_1	$(B_0-B_1C)/A$
$k=2$	A	$B_0+B_1C+B_2C^2$
	a_0	$(A_0+A_1C+A_2C^2)/A$
	a_1	$(2A_0-2A_2C^2)/A$
	a_2	$(A_0-A_1C+A_2C^2)/A$
	b_1	$(2B_0-2B_2C^2)/A$
	b_2	$(B_0-B_1C+B_2C^2)/A$
$k=3$	A	$B_0+B_1C+B_2C^2+B_3C^3$
	a_0	$(A_0+A_1C+A_2C^2+A_3C^3)/A$
	a_1	$(3A_0+A_1C-A_2C^2-3A_3C^3)/A$
	a_2	$(3A_0-A_1C-A_2C^2+3A_3C^3)/A$
	a_3	$(A_0-A_1C+A_2C^2-A_3C^3)/A$
	b_1	$(3B_0+B_1C-B_2C^2-3B_3C^3)/A$
	b_2	$(3B_0-B_1C-B_2C^2+3B_3C^3)/A$
	b_3	$(B_0-B_1C+B_2C^2-B_3C^3)/A$
$k=4$	A	$B_0+B_1C+B_2C^2+B_3C^3+B_4C^4$
	a_0	$(A_0+A_1C+A_2C^2+A_3C^3+A_4C^4)/A$
	a_1	$(4A_0+2A_1C-2A_3C^3-4A_4C^4)/A$
	a_2	$(6A_0-2A_2C^2+6A_4C^4)/A$
	a_3	$(4A_0-2A_1C+2A_3C^3-4A_4C^4)/A$
	a_4	$(A_0-A_1C+A_2C^2-A_3C^3+A_4C^4)/A$
	b_1	$(4B_0+2B_1C-2B_3C^3-4B_4C^4)/A$
	b_2	$(6B_0-2B_2C^2+6B_4C^4)/A$
	b_3	$(4B_0-2B_1C+2B_3C^3-4B_4C^4)/A$
	b_4	$(B_0-B_1C+B_2C^2-B_3C^3+B_4C^4)/A$
$k=5$	A	$B_0+B_1C+B_2C^2+B_3C^3+B_4C^4+B_5C^5$
	a_0	$(A_0+A_1C+A_2C^2+A_3C^3+A_4C^4+A_5C^5)/A$
	a_1	$(5A_0+3A_1C+A_2C^2-A_3C^3-3A_4C^4-5A_5C^5)/A$
	a_2	$(10A_0+2A_1C-2A_2C^2-2A_3C^3+2A_4C^4+10A_5C^5)/A$
	a_3	$(10A_0-2A_1C-2A_2C^2+2A_3C^3+2A_4C^4-10A_5C^5)/A$
	a_4	$(5A_0-3A_1C+A_2C^2+A_3C^3-3A_4C^4+5A_5C^5)/A$
	a_5	$(A_0-A_1C+A_2C^2-A_3C^3+A_4C^4-A_5C^5)/A$
	b_1	$(5B_0+3B_1C+B_2C^2-B_3C^3-3B_4C^4-5B_5C^5)/A$
	b_2	$(10B_0+2B_1C-2B_2C^2-2B_3C^3+2B_4C^4+10B_5C^5)/A$
	b_3	$(10B_0-2B_1C-2B_2C^2+2B_3C^3+2B_4C^4-10B_5C^5)/A$
	b_4	$(5B_0-3B_1C+B_2C^2+B_3C^3-3B_4C^4+B_5C^5)/A$
	b_5	$(B_0-B_1C+B_2C^2-B_3C^3+B_4C^4-B_5C^5)/A$

【实验内容与步骤】

1. 实验前准备

(1) 打开实验仪,将 DSP 实验模块(SIN 为输入口, OUT 为输出口)插在实验仪的合适位置,将 SW1 的 1、3、5、6 设为"ON", 2、4 设为"OFF"; SW302 的 1 设为"ON", 2 设为"OFF"。

(2) 正确完成计算机、DSP 仿真器和实验模块(J101)、实验仪的连接(参考实验八)。

(3) 打开实验仪左下角的电源开关,+15V、-15V、+5V、-5V 电源指示灯亮,表明供电正常,此时仿真器盒上的"红色小灯"点亮。打开实验仪上信号源开关和频率计开关,用 2 号导线连接实验仪上信号源的输出端与 DSP 模块的 SIN 输入端,将频段打到 F4 档,输入幅度 15V。

2. 运行 CCS2.0 软件

(1) 打开 PC 机界面下的 CCS2.0 软件，用 Project/Open 打开"IIR"目录下的"ExpIIR.pjt"工程文件；双击"ExpIIR.pjt"，及"Source"可查看各源程序，认真阅读并理解各程序。

(2) 单击"Run"运行程序，并加载"Exp IIR.out"。

(3) 用双踪示波器观察测试点 SIN 点的信号输入和 OUT 点的信号输出。改变输入信号的频率和幅度观察实验结果，分析产生结果的原因(该滤波器截止频率为 1kHz)。

示波器显示波形如图 17-7 所示。上为输入【低频信号(F1、F2、F3 档)】，下为输出。

示波器显示波形如图 17-8 所示。上为输入【高频信号(F4~F7 档)】，下为输出。

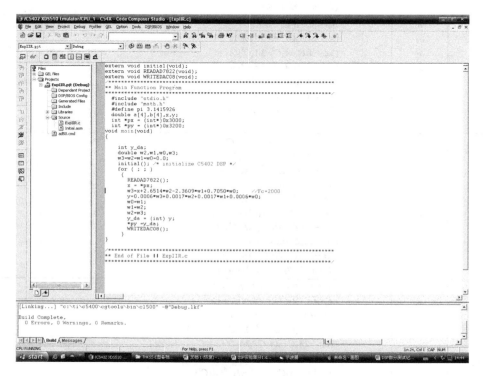

图 17-6 运行 CCS2.0 软件

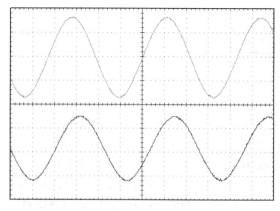

图 17-7 示波器显示波形(低频信号)

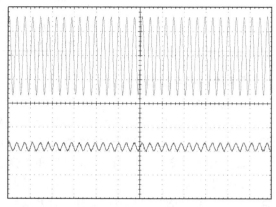

图 17-8 示波器显示波形(高频信号)

【思考题】

双线性变换法设计 IIR 滤波器与冲激不变法设计 IIR 滤波器的区别？

【实验报告要求】

(1) 简述 IIR 数字滤波器的原理与方法。

(2) 对比 FIR 滤波器与 IIR 滤波器的异同。

(3) 完成思考题。

(杨艳芳)

实验十八　卷积(Convolve)算法实验

【实验目的】

掌握卷积算法的原理。

【实验仪器】

信号与系统实验仪, 双踪慢扫描示波器, 计算机(配有 CCS 2.0 版软件), DSP 仿真器。

【实验原理】

　　如果将施加于线性系统的信号分解, 而且对于每个分量作用于系统产生之响应易于求得, 那么, 根据叠加定理, 将这些响应取和即可得到原激励信号引起的响应。卷积方法的原理就是将信号分解为冲激信号之和, 借助系统的冲激响应, 从而求解系统对任意激励信号的零状态响应。

　　设激励信号 $e(t)$ 可表示成图 18-1(a)所示的曲线。我们把它分解为许多相邻的窄脉冲。以 $t = t_1$ 处的脉冲为例, 设此脉冲的持续时间等于 Δt_1。Δt_1 取得越小, 则脉冲幅值语言函数值越为接近。当 $\Delta t_1 \to 0$ 时, $e(t)$ 可表示为 $\sum e(t)\delta(t - t_1)\Delta t_1$。设此系统对单位冲激 $\delta(t)$ 的响应为 $h(t)$, 那么, 根据线性时不变系统的基本特性可求得, 对于 $t = t_1$ 处的冲激信号 $\left[e(t_1)\Delta t_1\right]\delta(t - t_1)$ 的响应必然等于 $[e(t_1)\Delta t_1] \cdot h(t - t_1)$, 如图 18-1(b)所示。

　　如果要求得到 $t = t_2$ 时刻的响应 $r(t_2)$, 只要将 t_2 时刻以前的所有冲激响应相加即得, 图 18-1(c)示出了相加的过程和结果。将此结果写成数学表示式应为

$$r(t_2) = \lim_{\Delta t_1 \to 0} \sum_{t_1 = 0}^{t_2} e(t_1) h(t_2 - t_1) \Delta t_1$$

或写成积分形式

$$r(t_2) = \int_0^{t_2} e(t_1) h(t_2 - t_1) \mathrm{d}t_1$$

如将上式中 t_2 改写为 t, 把 t_1 以 τ 代替, 于是得到

$$r(t) = \int_0^t e(\tau) h(t - \tau) \mathrm{d}\tau \qquad (18\text{-}1)$$

此结果表明, 如果已知系统的冲激响应 $h(t)$ 以及激励信号 $e(t)$, 欲求系统的零状态响应 $r(t)$, 可将 $h(t)$ 与 $e(t)$ 函数的自变量 t 分别改写作 $t - \tau$ 和 τ, 取积分限为 $0 \sim t$, 计算 $e(\tau)$ 与 $h(t - \tau)$ 相乘函

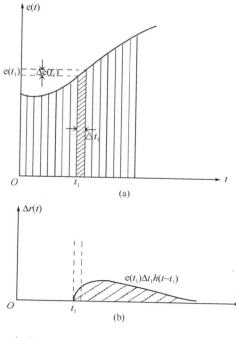

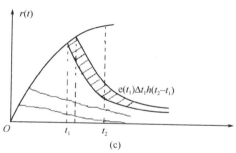

图 18-1　借助冲激响应与叠加定理求系统零状态响应

数对变量 τ 的积分,即得所需响应 $r(t)$。注意,这里积分变量虽为 τ,但经定积分运算,代入积分限以后,所得结果仍为 t 的函数。此积分运算即为卷积积分。

卷积算法的原理就是将信号分解为信号冲激之和,借助系统的冲激响应 $h(t)$,求解系统对任意激励信号的零状态响应。

对于任意两个信号 $f_1(t)$ 和 $f_2(t)$,两者做卷积运算定义为

$$f(t) = \int_{-\infty}^{+\infty} f_1(\tau)f_2(t-\tau)\mathrm{d}\tau$$

做一变量代换不难证明

$$f(t) = \int_{-\infty}^{+\infty} f_2(\tau)f_1(t-\tau)\mathrm{d}\tau$$
$$= f_1(t) * f_2(t)$$
$$= f_2(t) * f_1(t)$$

式中 $f_1(t) * f_2(t)$ 是两函数做卷积运算的简写符号,也可以写成 $f_1(t) \otimes f_2(t)$。这里的积分限取 $-\infty$ 和 $+\infty$,这是由于对 $f_1(t)$ 和 $f_2(t)$ 的作用时间范围没有加以限制。实际由于系统的因果性或激励信号存在时间的局限性,其积分限会有变化。本实验中采用的系统响应信号为矩形波信号。

【实验内容与步骤】

1. 实验前准备

(1) 打开实验仪,将 DSP 实验模块(SIN 为输入口,OUT 为输出口)插在实验仪的合适位置,将 SW1 的 1、3、5、6 设为"ON",2、4 设为"OFF";SW302 的 1 设为"ON",2 设为"OFF"。

(2) 正确完成计算机、DSP 仿真器和实验模块(J101)、实验仪的连接(参考实验八)。

(3) 打开实验仪左下角的电源开关,+15V、-15V、+5V、-5V 电源指示灯亮,表明供电正常,此时仿真器盒上的"红色小灯"点亮。打开实验仪上信号源开关和频率计开关,用 2 号导线连接实验仪信号源的输出端与 DSP 模块的 SIN 输入端,将频段打到 F3 档,幅度旋钮旋到最大。

2. 运行 CCS2.0 软件

(1) 打开 PC 机界面下的 CCS2.0 软件,用 Project/Open 打开"EXPConv"目录下的"ExpConv.pjt"工程文件;双击"Convolve.pjt"及"Source"可查看各源程序,认真阅读并理解各程序。如图 18-2 所示。

(2) 加载"Convolve.out";单击"Run"运行程序。

(3) 用双踪示波器观察测试点 SIN 点的信号输入和 OUT 点的信号输出。改变输入信号的频率和幅度观察实验结果,分析产生结果的原因。在此输入信号频率在 50Hz 左右时效果最佳。

示波器显示波形如图 18-3 所示。上为输入(50Hz 左右正弦信号),下为输出。

示波器显示波形如图 18-4 所示。上为输入(50Hz 左右方波信号),下为输出。

示波器显示波形如图 18-5 所示。上为输入(50Hz 左右三角信号),下为输出。

【思考题】

卷积方法的原理是什么?

【实验报告要求】

(1) 简述卷积算法的原理。

(2) 在 CCS 环境下,TMS320 程序编写、编译和调试程序的方法。

(3) 总结在使用 CCS 中遇到的问题。

(4) 分析样例中的算法的实现方法。

(5) 完成思考题。

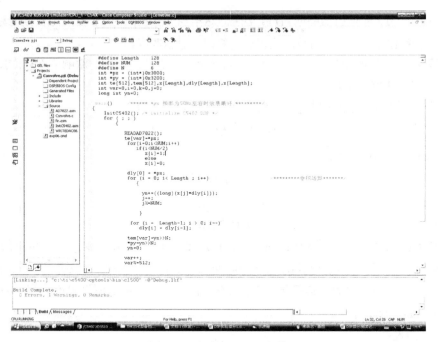

图 18-2 运行 CCS2.0 软件

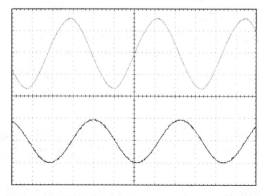

图 18-3 示波器显示波形(50Hz 左右正弦信号)

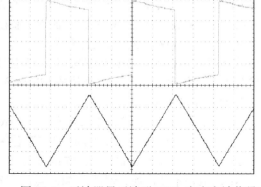

图 18-4 示波器显示波形(50Hz 左右方波信号)

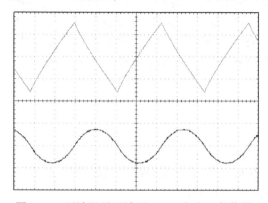

图 18-5 示波器显示波形(50Hz 左右三角信号)

(张艳洁)

实验十九　信号的采样与恢复

【实验目的】

(1) 了解电信号的采样方法过程及信号的恢复。

(2) 验证采样定理。

【实验设备】

信号与系统实验，实验模块⑧，双踪慢扫描示波器。

【实验内容】

(1) 研究正弦信号被采样的过程以及采样后的离散化信号恢复为连续信号的波形。

(2) 用采样定理分析实验结果。

【实验原理】

(1) 离散时间信号可以从离散信号源获得，也可以从连续时间信号经采样获得。采样信号 $f_S(t)$ 可以看成连续信号 $f(t)$ 和一组开关函数 $S(t)$ 的乘积。$S(t)$ 是一组周期性窄脉冲。由对采样信号进行傅里叶级数分析可知，采样信号的频谱包括了原连续信号以及无限多个经过平移的原信号频谱。平移的频率等于采样频率 f_S 及其谐波频率 $2f_S$、$3f_S$……。当采样后的信号是周期性窄脉冲时，平移后的信号频率的幅度按 $(\sin x)/x$ 规律衰减。采样信号的频谱是原信号频谱的周期性延拓，它占有的频带要比原信号频谱宽得多。

(2) 采样信号在一定条件下可以恢复原来的信号，只要用一截止频率等于原信号频谱中最高频率 f_n 的低通滤波器，滤去信号中所有的高频分量，就得到只包含原信号频谱的全部内容，即低通滤波器的输出为恢复后的原信号。

(3) 原信号得以恢复的条件是 $f_S \geq 2B$，其中 f_S 为采样频率，B 为原信号占有的频带宽度。$F_{\min} = 2B$ 为最低采样频率。当 $f_S \leq 2B$ 时，采样信号的频谱会发生混叠，所以无法用低通滤波器获得原信号频谱的全部内容。在实际使用时，一般取 $f_S = (5 \sim 10)B$ 倍。

实验中选用 $f_S < 2B$、$f_S = 2B$、$f_S > 2B$ 三种采样频率对连续信号进行采样，以验证采样定理：要使信号采样后能不失真地还原，采样频率 f_S 必须远大于信号频率中最高频率的两倍。

(4) 图 19-1 的框图表示对连续信号的采样和对采样信号的恢复过程，实验时，除选用足够高的采样频率外，还常采用前置低通滤波器来防止信号频谱的过宽而造成采样后信号频谱的混叠。

【实验步骤】

(1) 打开信号与系统实验仪，将实验模块⑧插入实验仪的固定孔中。

(2) 打开实验仪总电源开关，在"信号采样与恢复实验单元"的输入端输入频率为 100Hz、V_{P-P} 为 4V 左右的正弦信号，然后调节方波发生器的输出频率在 1kHz 左右，用双踪示波器分别观察采样输入信号与采样信号、输入信号与输出恢复信号，并进行分析。

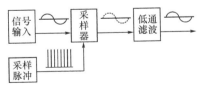

图 19-1　信号的采样与恢复原理框图

(3) 将方波发生器的输出频率调至 2kHz 左右，再用双踪示波器分别观察采样输入信号与采样信号、输入信号与输出恢复信号，并进行分析。

【实验报告要求】

(1) 绘制原始的连续信号、采样后信号以及采样信号恢复为原始信号的波形。

(2) 分析实验结果，并作出评述。

（张艳洁）

实验二十　抽样定理 DSP 实现实验

【实验目的】

(1) 熟悉 A/D 转换的基本过程和程序处理过程。

(2) 熟悉 FFT 的应用。

(3) 掌握抽样定理的内容和其在实际中的应用。

【实验仪器】

信号与系统实验仪, 双踪慢扫描示波器, 计算机(配有 CCS 2.0 版软件), DSP 仿真器。

【实验原理】

在应用 DSP 进行信号处理过程中, 经常需要对信号进行采集, 而采集工作一般通过 A/D 转换器件完成, A/D 器件在工作时不可能取得连续值, 只能间隔一段时间进行一次转换, 得到转换结果后再进行下一次转换。这样, 对连续变换的信号只能在离散时间点上进行采样, 这也叫抽样过程。

抽样是在离散时间间隔对连续时间信号(例如模拟信号)的采集, 它是实时信号处理中的基本概念。模拟信号由一些离散时间的值来代表, 这些抽样的值等于原始模拟信号在离散时间点的取值。

DSP 器件只能通过抽样的方法得到离散的信号, 如何对信号进行采样才能获得原有信号所具备的所有频率特征, 这是采样定理所涉及的问题。采样定理规定对模拟信号应该以多大的速率抽样, 以保证能够捕捉到包含在信号中的相关信息或者经过抽样后能够保留相关信息。

抽样定理: 如果信号的最高频率分量为 f_{max}, 为了使抽样值能够完整地描述信号, 那么至少应该以 $2f_{max}$ 的速率进行抽样。既 $F_S \geq 2f_{max}$, 其中 F_S 是抽样频率或抽样率。

因此, 如果模拟信号中的最大频率分量为 4kHz, 那么, 为了保留或捕捉信号中的所有信息, 应该以 8kHz 或者更高的抽样率进行抽样。小于抽样定理规定的抽样率进行抽样将导致频谱折叠, 或者相频混叠进入到希望的频带内, 以至于抽样的数据传回到模拟信号时不能恢复出原始信号。

【实验内容与步骤】

1. 实验前准备

(1) 打开实验仪, 将 DSP 实验模块(SIN 为输入口, OUT 为输出口)插在实验仪的合适位置, 将 SW1 的 1、3、5、6 设为"ON", 2、4 设为"OFF"; SW302 的 1 设为"ON", 2 设为"OFF"。

(2) 正确完成计算机、DSP 仿真器和实验模块(J101)、实验仪的连接(参考实验八)。

(3) 打开实验仪左下角的电源开关, +15V、-15V、+5V、-5V 电源指示灯亮, 表明供电正常, 此时仿真器盒上的"红色小灯"点亮。打开实验仪上信号源开关和频率计开关, 用 2 号导线连接实验仪上信号源的输出端与 DSP 模块的 SIN 输入端, 将频段打到 F4 档, 幅度旋钮旋到最大。

2. 运行 CCS2.0 软件

(1) 打开 PC 机界面下的 CCS2.0 软件, 用 Project/Open 打开"AD_SAMP"目录下的"AD_SAMP.pjt"工程文件; 双击"AD_SAMP.pjt"及"Source"可查看各源程序, 认真阅读并理解各程序(图 20-1)。

(2) 加载"AD_SAMP.out"; 如上图"AD_SAMP.asm"程序中的相应位置设置断点; 单击"Run"。运行程序。

(3) 程序运行至断点处停止, 用 View/Graph/Time/Frequency 打开一个图形观察窗口(图20-2); 输入起始地址 0×1000, 长度为 1024, 数值类型为 16 位有符号整型。

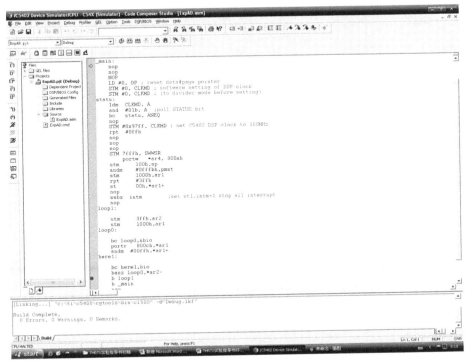

图 20-1　运行 CCS2.0 软件

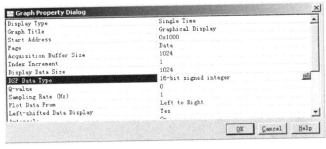

图 20-2　打开图形观察窗口

(4) 调整图形观察窗口, 观察采样信号波形, 单击"Animate"运行程序, 动态观察采样信号波形(图 20-3)。改变输入信号的频率和幅度观察实验结果, 分析产生结果的原因。

注: 在刷新过程中波形会出现突变现象, 是由于存储图形数据的数组中的数据不断变化结果, 属正常现象。

观察输入信号频率变化时, 频谱的变化规律(图 20-4); 设置如图 20-5 所示(本实验模块的采样频率为 105kHz)。

(5) 单击"Halt"暂停程序运行, 关闭各窗口, 本实验完毕。

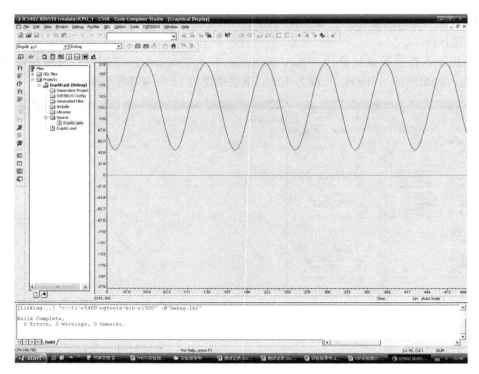

图 20-3　观察采样信号波形

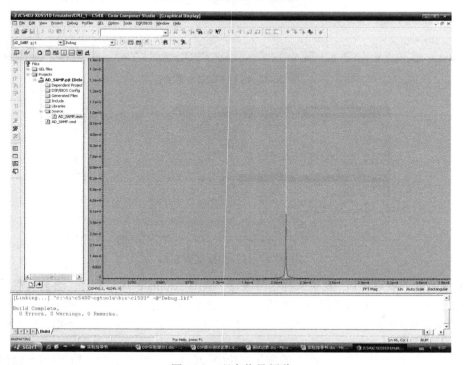

图 20-4　观察信号频谱

【程序框图】

程序框图如图 20-6 所示。

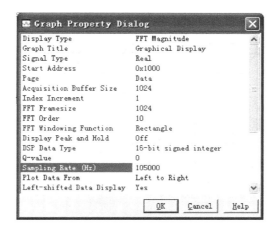

图 20-5 观察输入信号频谱设置

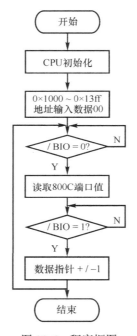

图 20-6 程序框图

【思考题】

"奈奎斯特频率"和"奈奎斯特频率间隔"是指什么?

【实验报告要求】

(1) 简述 A/D 转换的基本原理。

(2) 画出在 $F_S/2$ 左右的频谱图。

(3) 完成思考题。

(张艳洁)

实验二十一 FFT 分析实验

【实验目的】

(1) 加深对 DFT 算法原理和基本性质的理解。

(2) 熟悉 FFT 算法原理和 FFT 子程序的应用。

(3) 学习用 FFT 对连续信号和时域信号进行频谱分析的方法,了解可能出现的分析误差及其原因,以便在实际应用中正确使用 FFT。

【实验仪器】

信号与系统实验仪,双踪慢扫描示波器,计算机(配有 CCS 2.0 版软件),DSP 仿真器。

【实验原理】

FFT 的原理和参数生成公式

$$X(k) = \sum_{r=0}^{\frac{N}{2}-1} \left[x_1(r)W_{\frac{N}{2}}^{rk} + W_N^k x_2(r)W_{\frac{N}{2}}^{rk} \right] \tag{21-1}$$

$$= X_1(k) + W_N^k X_2(k)$$

FFT 是离散傅里叶变换(DFT)的一种快速算法。由于在计算 DFT 时,任一 $X(k)$ 的计算都需要 N 次复数乘法和 $N-1$ 次复数加法;而一次复数乘法等于四次实数乘法和两次实数加法,一次复数加法等于两次实数加法。每运算一个 $X(k)$ 需要 $4N$ 次复数乘法及 $2N+2(N-1) = 2(2N-1)$ 次实数加法。所以整个 DFT 运算总共需要 $4N^2$ 次实数乘法和 $N \times 2(N-1) = 2N(2N-1)$ 次实数加法。如此一来,计算时乘法次数和加法次数都是和 N^2 成正比的,当 N 很大时,运算量是可观的,因而需要改进对 DFT 的算法减少运算速度。

如前所述,N 点 DFT 的复乘次数等于 N^2。显然,把 N 点 DFT 分解为几个较短的 DFT,可使乘法次数大大减少。另外,旋转因子 W_N^m 具有明显的周期性和对称性。其周期性表现为

$$W_N^{m+lN} = \mathrm{e}^{-j\frac{2\pi}{N}(m+lN)} = \mathrm{e}^{-j\frac{2\pi}{N}m} = W_N^m \tag{21-2}$$

其对称性表现为

$$W_N^{-m} = W_N^{N-m} \qquad 或者 \qquad \left[W_N^{N-m} \right]^* = W_N^m$$

$$W_N^{m+\frac{N}{2}} = -W_N^m \tag{21-3}$$

FFT 算法就是不断地把长序列的 DFT 分解成几个短序列的 DFT,并利用 W_N^{kn} 的周期性和对称性来减少 DFT 的运算次数。

【实验内容与步骤】

1. 实验前准备

(1) 打开实验仪,将 DSP 实验模块(SIN 为输入口,OUT 为输出口)插在实验仪的合适位置,将 SW1 的 1、3、5、6 设为"ON",2、4 设为"OFF";SW302 的 1 设为"ON",2 设为"OFF"。

(2) 正确完成计算机、DSP 仿真器和实验模块(J101)、实验仪的连接(参考实验八)。

(3) 打开实验仪左下角的电源开关,+15V、-15V、+5V、-5V 电源指示灯亮,表明供电正常,

此时仿真器盒上的"红色小灯"点亮。打开实验仪上信号源开关和频率计开关, 用 2 号导线连接实验仪上信号源的输出端与 DSP 模块的 SIN 输入端, 将频段打到 F3 档, 幅度旋钮旋到最大。

2. 运行 CCS2.0 软件

(1) 打开 PC 机界面下的 CCS2.0 软件, Project/Open 打开"ExpFFT"目录下的"ExpFFT.pjt"工程文件; 双击"ExpFFT.pjt"及"Source"可查看各源程序, 认真阅读并理解各程序。

(2) 加载"ExpFFT.out"; 在主程序处设置断点; 单击"Run"运行程序, 程序将运行到断点处停止, 如图 21-1 所示。

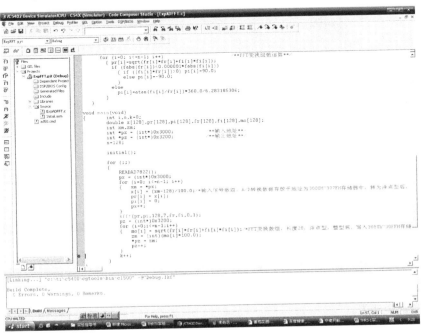

图 21-1　运行 CCS2.0 软件

(3) 用 View/Graph/Time/Frequency 打开一个图形观察窗口(图 21-2); 设置该观察图形及参数; 采用双踪示波器观察起始地址分别为 0×3000H 和 0×3080H, 长度为 128 单元中的数据变化, 数值类型为 16 位有符号整型变量, 这两段存储单元中分别存放的是经过 AD7822 转换的混叠信号(信号源单元产生)和对该信号进行 FFT 变换的结果。

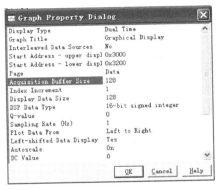

图 21-2　打开图形观察窗口

注: 在刷新过程中波形会出现突变现象, 是由于存储图形数据的数组中的数据不断变化结果, 属正常现象。

(4) 单击"Animate"运行程序, 或按 F10 运行; 调整观察窗口并观察输入信号波形及其 FFT 变换结果; 改变输入信号频率, 观察其 FFT 变换结果如何变化(图 21-3)。

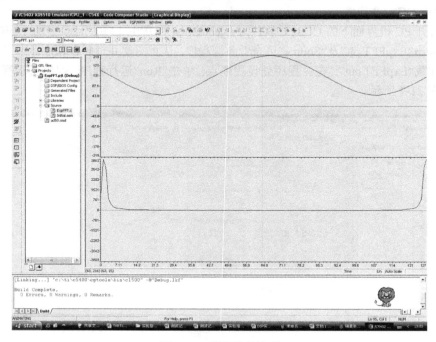

图 21-3　观察信号波形

(5) 单击"Halt"暂停程序运行, 关闭窗口, 本实验结束。

实验结果: 在 CCS2.0 环境, 同步观察混叠信号波形及其 FFT 变换结果。

【程序参数说明】

Extern void initial(void)。

Extern void READAD7822(void)。

Void kfft(pr, pi, n, k, fr, fi, l, il); 基 2 快速傅里叶变换子程序, n 为变换点数, 应满足 2 的整数次幂, k 为幂次(正整数)。

数组 x: 输入信号数组, A/D 转换数据存放于地址为 3000H~307FH 存储器中, 转为浮点型后, 生成 x 数组, 长度 128。

数组 mo: FFT 变换数组, 长度 128, 浮点型, 整型后, 写入 3080H~30FFH 存储器中。

【思考题】

傅里叶变换主要应用于通信系统的哪几个方面?

【实验报告要求】

(1) 简述 FFT 算法原理。

(2) 简述 FFT 对连续信号和时域信号进行频谱分析的方法。

(3) 结合实验中所给定序列幅频特性曲线, 与理论值比较。

(4) 完成思考题。

(张艳洁)

实验二十二 反馈系统的自激振荡

【实验目的】

(1) 掌握自激振荡的工作原理和起振条件。

(2) 熟悉稳幅电路的工作原理与方法。

(3) 学会使用示波器和频率计测量振荡电路的振荡频率。

【实验设备】

信号与系统实验仪，实验模块④，双踪慢扫描示波器。

【实验内容】

(1) 根据图 22-1 所示的自激振荡电路，计算输出信号的振荡频率。

(2) 用示波器观察系统在满足自激振荡条件后输出信号的稳定波形，据此测得振荡频率，并与理论计算值比较。

(3) 观察有稳幅电路和无稳幅电路时自激振荡输出波形的区别。

(4) 同时改变两个电阻 R_1、R_f 的值，观察振荡频率的变化。

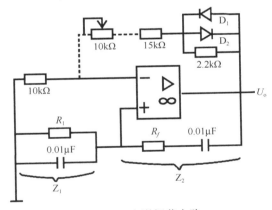

图 22-1　自激振荡电路

【实验原理】

当要求反馈系统无输入时，系统有某种波形的输出，则必须使该系统处于自激振荡状态。图 22-2 为系统产生自激振荡的方框图。

图中 $A = |A| \angle \Phi_A$，$F = |F| \angle \Phi_F$。若令输入为 $\dot{U}_i$，则输出 $\dot{U}_o = A\dot{U}_i$，反馈量 $\dot{U}_f = F\dot{U}_o = AF\dot{U}_i$，如果

$$AF = 1 \qquad (22\text{-}1)$$

则 $\dot{U}_f = \dot{U}_i$，这样 $\dot{U}_i$ 就由 $\dot{U}_f$ 代之，使系统能维持稳定的 $\dot{U}_o$ 输出，这为自激振荡。把式(22-1)改为

$$|AF|\mathrm{e}^{\mathrm{i}(\varphi_A + \varphi_F)} = 1\mathrm{e}^{\mathrm{j}2n\pi} \qquad n \text{ 为整数}$$

即

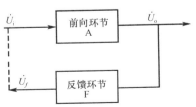

图 22-2　自激振荡的方框图

$$|AF| = 1 \qquad (22\text{-}2)$$

$$\varphi_A + \varphi_F = 2n\pi \tag{22-3}$$

式(22-2)和式(22-3)分别称为自激振荡的幅值条件和相位条件。

由于系统中总存在着一些噪声或瞬态扰动，当它们满足自激振荡的条件后，这些微弱的信号通过放大、正反馈、再放大这样的循环过程而不断加强，使振荡幅值不断增长。当幅值增大到一定值时，就会改变系统中元器件的非线性影响而使系统放大作用削弱，同时为了避免输出波形的非线性失真，通常在振荡电路中设有稳幅环节。

当接通电源后，由于系统中的噪声或扰动的频率范围较宽，不同频率的信号只要满足式(22-1)的条件，都可以产生自激振荡，这样有可能在输出端出现非单一频率的波形。为了实现自激振荡输出单一频率的波形，必须在系统中加一些选频网络。

本实验为 RC 串并联正弦波自激振荡电路，如图 22-1 所示。由图可知，RC 串并联网络构成正反馈形式。不难证明，当信号频率

$$f_o = \frac{1}{2\pi RC} \tag{22-4}$$

时，Z_2 上的电压为

$$\dot{U}_f = \frac{1}{3}\dot{U}_o \tag{22-5}$$

这说明频率为 f_o 的波形满足自激振荡的相位条件。基于反馈系数 $F = \dfrac{\dot{U}_f}{\dot{U}_o} = \dfrac{1}{3}$，而电路的电压放大倍数为 $A = 1 + \dfrac{R_f}{R_1}$，因而只要 A 略大于 3，即 $R_f \geqslant 2R_1$，电路就能满足起振的幅值条件。图 22-1 中二极管 D_1 和 D_2 具有稳幅作用。

【实验步骤】

(1) 打开信号与系统实验仪，将实验模块④插入实验仪的固定孔中。

(2) 按图 22-1 所示构造电路图，打开实验仪总电源开关。

(3) 用示波器测量有稳幅电路(电路中的插针用短路帽短接时)和无稳幅电路时输出端的振荡频率和幅值。

(4) 同时改变电阻 R_1、R_f 的值，观察振荡频率的变化。

【实验报告要求】

(1) 画出有稳幅和无稳幅时电路输出端的波形。

(2) 阐述稳幅电路的原理。

(周志尊)

实验二十三 二阶网络函数的模拟

【实验目的】

(1) 掌握用基本运算单元求解线性二阶系统微分方程的方法。

(2) 研究二阶系统相关参数的变化对其解的影响。

【实验设备】

信号与系统实验仪，实验模块⑨，双踪慢扫描示波器。

【实验内容】

(1) 设二阶系统的微分方程式为

$$y'' + a_1 y' + y = x \tag{23-1}$$

式中 y 为零初始条件下系统的输出量，x 为单位阶跃输入，试分别观察 $a_1=1$ 和 $a_1=2$ 时的模拟解波形 $y(t)$。

(2) 设计方程式(23-1)模拟解的方框图和电路图。

(3) 比较由实验测得系统的模拟解曲线 Y 和用数学方法解得的结果。

【实验原理】

设系统微分方程的一般形式为

$$y^{(n)} + a_{n-1} y^{(n-1)} + \cdots\cdots a_0 y = x \tag{23-2}$$

式中，y 为系统的输出，x 为激励信号。微分方程模拟求解的规则是将微分方程中输出函数的最高阶导数置于等式的左方，其余各项均移到等式的右方，这个最高阶导数作为第一个积分的输入，以后每经过一个积分器，输出函数的导数就会降低一阶，直到输出 y 为止。y 和它的相关导数项分别通过各自的比例运算放大器后送至第一个积分器前面的求和器，并与输入函数 x 相加，则该模拟装置的输入和输出所表征的微分方程与被模拟的微分方程完全相同。图 23-1 为一个二阶微分方程 $y'' + a_1 y' + y = x$ 的模拟解方框图。

【实验步骤】

(1) 打开信号与系统实验仪，将实验模块⑨插入实验仪的固定孔中。

(2) 打开实验仪总电源开关，根据图 23-1，组建二阶微分方程的模拟电路图，并使积分器的端电压为零。具体如图 23-2 所示。

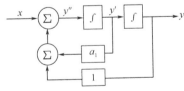

图 23-1 二阶微分方程的模拟解框图

当 R_x 的值分别为 100kΩ、200kΩ时，用示波器测量二阶系统的单位阶跃响应曲线。

(3) 用解析法求解方程(23-1)，并与测得的模拟解曲线结果相比较。

【实验报告要求】

(1) 画出实验具体设计的二阶微分方程的模拟电路图。

(2) 记录用示波器测得的二阶系统的单位阶跃响应曲线。

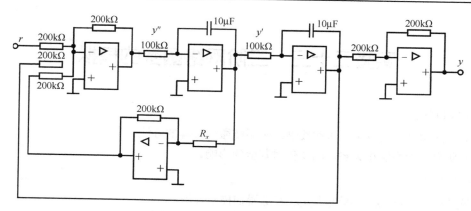

图 23-2　二阶系统的模拟电路图

（王亚平）

实验二十四　系统极点变化对系统性能的影响

【实验目的】

(1) 通过实验了解极点的变化对系统频域响应的影响。

(2) 通过实验进一步理解极点的变化对系统时域响应的影响。

【实验设备】

信号与系统实验仪，实验模块⑤，双踪慢扫描示波器。

【实验内容】

(1) 设一阶系统的传递函数为

$$\phi(s) = \frac{1}{Ts+1} \tag{24-1}$$

分别观察 $T = 0.01$ 和 $T = 0.001$ 时系统的单位阶跃响应曲线和对数幅频特性曲线。

(2) 设二阶系统的传递函数为

$$\phi(s) = \frac{\omega_n^2}{s^2 + 2\xi\omega_n s + \omega_n^2} \tag{24-2}$$

分别观察下列情况下系统的单位阶跃响应曲线和对数幅频特性曲线：① $\omega_n = 100$，$\xi = 0.5$；② $\omega_n = 316.2$，$\xi = 1.581$。

【实验原理】

由理论证明，系统的极点距虚轴越远，其频带越宽，时域响应也越快；反之，系统的极点距虚轴越近，其带宽越窄，时域响应也越慢。

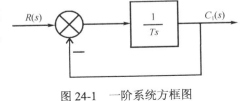

图 24-1　一阶系统方框图

1. 一阶系统　设一阶系统方框图如图 24-1 所示。

(1) $T = 0.01$ 时，$\phi_1(s) = \dfrac{C_1(s)}{R(s)} = \dfrac{1}{0.01s+1}$

$$|\phi_1(j\omega)| = \frac{1}{\sqrt{1+\omega^2}}, \quad L_1(\omega) = -20\lg\sqrt{1+(0.01\omega)^2}$$

令 $\dfrac{1}{\sqrt{1+(0.01\omega_{b1})^2}} = \dfrac{1}{\sqrt{2}}$，则 $\omega_{b1} = 100$

令 $R(s) = \dfrac{1}{s}$，则 $C_1(s) = \dfrac{1}{s(0.01s+1)}$，$C_1(t) = 1 - e^{-0.01t}$。

(2) $T = 0.001$ 时，$\phi_2(s) = \dfrac{C_2(s)}{R(s)} = \dfrac{1}{0.001s+1}$

$$|\phi_2(j\omega)| = \frac{1}{\sqrt{1+(0.001\omega_b)^2}}, \quad L_2(\omega) = -20\lg\sqrt{1+(0.001\omega)^2}$$

令 $\dfrac{1}{\sqrt{1+(0.001\omega_{b2})^2}}=\dfrac{1}{\sqrt{2}}$，则 $\omega_{b2}=1000$。

令 $R(s)=\dfrac{1}{s}$，则 $C_2(t)=1-\mathrm{e}^{-0.001t}$。

一阶系统的幅频特性和极点分布如图 24-2 和图 24-3 所示。

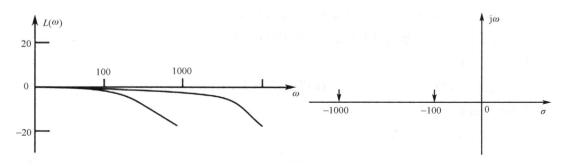

图 24-2　一阶系统的幅频特性 　　　　　　 图 24-3　一阶系统的极点分布

一阶系统的模拟电路图和单位阶跃响应曲线如图 24-4 所示。

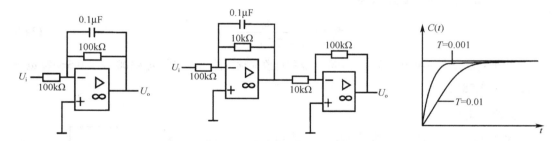

图 24-4　一阶系统的模拟电路图和单位阶跃响应曲线

2. 二阶系统　设二阶系统方框图如图 24-5 所示。

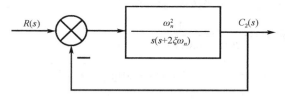

图 24-5　二阶系统方框图

(1)　$\omega_n=100$，$\xi=0.5$ 时，

$$G_1(s)=\dfrac{1}{0.01s(0.01s+1)}，\quad \phi_1(s)=\dfrac{C_1(s)}{R(s)}=\dfrac{1}{0.0001s^2+0.01s+1}=\dfrac{10000}{s^2+100s+10000}$$

$$Mr=\dfrac{1}{2\xi\sqrt{1-\xi^2}}=1.155$$

令 $R(s)=\dfrac{1}{s}$，则

$$C_1(s) = \frac{10000}{s(s^2 + 100s + 10000)}$$

$$C_1(t) = 1 - \frac{1}{\sqrt{1-\xi^2}} e^{-\xi\omega_n t} \sin\left(\omega_n \sqrt{1-\xi^2}\, t + tg^{-1}\frac{\sqrt{1-\xi^2}}{\xi}\right) = 1 - 1.155 e^{-50t} \sin(86.6t + 60°)$$

$$|\phi_1(j\omega)| = \frac{1}{\sqrt{(1-0.0001\omega^2)^2 + (0.01\omega)^2}} \quad , \quad L_1(\omega) = -20\lg\sqrt{(1-0.0001\omega^2)^2 + (0.01\omega)^2}$$

(2) $\omega_n = 316.2$, $\xi = 1.581$ 时,

$$G_2(s) = \frac{1}{0.01s(0.001s+1)}$$

$$\phi_2(s) = \frac{C_2(s)}{R(s)} = \frac{1}{0.00001s^2 + 0.01s + 1} = \frac{100000}{s^2 + 1000s + 100000}$$

令 $R(s) = \frac{1}{s}$, 则

$$C_2(s) = \frac{100000}{s(s^2 + 1000s + 100000)}$$

$$C_2(t) = 1 - \frac{1}{2\sqrt{\xi^2-1}(\xi - \sqrt{\xi^2-1})} e^{-(\xi - \sqrt{\xi^2-1})\omega_n t} + \frac{1}{2\sqrt{\xi^2-1}(\xi + \sqrt{\xi^2-1})} e^{-(\xi + \sqrt{\xi^2-1})\omega_n t}$$

$$= 1 - \frac{1}{0.8722} e^{-112.5t} + \frac{1}{6.875} e^{-887.26t}$$

$$|\phi_2(j\omega)| = \frac{1}{\sqrt{(1-0.00001\omega^2)^2 + (0.01\omega)^2}} \quad , \quad L_2(\omega) = -20\lg\sqrt{(1-0.00001\omega^2)^2 + (0.01\omega)^2}$$

两种情况下的对数幅频特性曲线如图 24-6 所示。

二阶系统实验电路图如图 24-7 和图 24-8 所示。

【实验步骤】

(1) 打开信号与系统实验仪, 将实验模块⑤插入实验仪的固定孔中。

(2) 根据图 24-4, 组建一阶系统的模拟电路图。打开实验仪总电源开关, 测量一阶系统的对数幅频特性曲线, 据此分别求出它们的频带宽度 ω_b。

(3) 由示波器观测一阶系统的单位阶跃响应曲线。

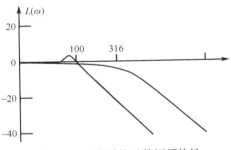

图 24-6　二阶系统对数幅频特性

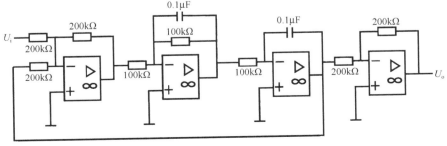

图 24-7　$\omega_n = 100$、$\xi = 0.5$ 时二阶系统的模拟电路图

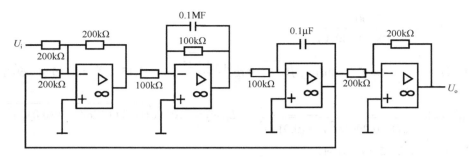

图 24-8　$\omega_n = 316.2$、$\xi = 1.581$时二阶系统的模拟电路图

(4) 根据图 24-7 和图 24-8, 组建二阶系统的模拟电路图, 测量二阶系统的对数幅频特性曲线, 据此分别求得系统的带宽 ω_b。

(5) 由示波器观测二阶系统的单位阶跃响应曲线。

注: 测量系统的对数幅频特性曲线时, 具体步骤参照实验六。

【实验报告要求】

(1) 画出一阶系统、二阶系统的模拟电路图。

(2) 画出由示波器观测的一阶系统、二阶系统的单位阶跃响应曲线, 并求得系统的带宽 ω_b。

(徐春环)

实验二十五　系统能控性与能观性分析

【实验目的】

理解系统的能控性和能观性。

【实验设备】

信号与系统实验仪,实验模块①,万用表,双踪慢扫描示波器。

【实验内容】

二阶系统能控性和能观性的分析。

【实验原理】

系统的能控性是指输入信号 U_r 对各状态变量 x 的控制能力,如果对于系统任意的初始状态,可以找到一个容许的输入量,在有限的时间内把系统所有的状态转移到状态空间的坐标原点,则称系统是能控的。

对于图 25-1 所示的电路系统,设 i_L 和 U_c 分别为系统的两个状态变量,如果电桥中 $\dfrac{R_1}{R_2} \neq \dfrac{R_3}{R_4}$,则输入电压 U_r 能控制 i_L 和 U_c 状态变量的变化,此时,状态是能控的。反之,当 $\dfrac{R_1}{R_2} = \dfrac{R_3}{R_4}$ 时,电桥中的 A 点和 B 点的电位始终相等,因而 U_c 不受输入 U_r 的控制,U_r 只能改变 i_L 的大小,故系统不能控。

系统的能观性是指由系统的输出量确定所有初始状态的能力,如果在有限的时间内根据系统的输出能唯一地确定系统的初始状态,则称系统能观。为了说明图 25-1 所示电路的能观性,分别列出电桥不平衡和平衡时的状态空间表达式

$$
\begin{bmatrix} i_L \\ \dot{U}_c \end{bmatrix} = \begin{bmatrix} -\dfrac{1}{L}\left(\dfrac{R_1 R_2}{R_1+R_2}+\dfrac{R_3 R_4}{R_3+R_4}\right) & -\dfrac{1}{L}\left(\dfrac{R_1 R_2}{R_1+R_2}-\dfrac{R_3 R_4}{R_3+R_4}\right) \\ -\dfrac{1}{C}\left(\dfrac{R_1 R_2}{R_1+R_2}+\dfrac{R_3 R_4}{R_3+R_4}\right) & -\dfrac{1}{C}\left(\dfrac{R_1 R_2}{R_1+R_2}-\dfrac{R_3 R_4}{R_3+R_4}\right) \end{bmatrix} \begin{bmatrix} i_L \\ U_c \end{bmatrix} + \begin{bmatrix} \dfrac{1}{L} \\ 0 \end{bmatrix} U_r
$$

$$
y = U_c = \begin{bmatrix} 0 & 1 \end{bmatrix} \begin{bmatrix} i_L \\ U_c \end{bmatrix} \tag{25-1}
$$

$$
\begin{bmatrix} i_L \\ \dot{U}_c \end{bmatrix} = \begin{bmatrix} -\dfrac{1}{L}\left(\dfrac{R_1 R_2}{R_1+R_2}+\dfrac{R_3 R_4}{R_3+R_4}\right) & 0 \\ 0 & -\dfrac{1}{C}\left(\dfrac{R_1 R_2}{R_1+R_2}-\dfrac{R_3 R_4}{R_3+R_4}\right) \end{bmatrix} \begin{bmatrix} i_L \\ U_c \end{bmatrix} + \begin{bmatrix} \dfrac{1}{L} \\ 0 \end{bmatrix} U_r
$$

$$
y = U_c = \begin{bmatrix} 0 & 1 \end{bmatrix} \begin{bmatrix} i_L \\ U_c \end{bmatrix} \tag{25-2}
$$

由式(25-2)可知，状态变量 i_L 和 U_c 没有耦合关系，外施信号 U_r 只能控制 i_L 的变化，不会改变 U_c 的大小，所以 U_c 不能控。基于输出是 U_c，而 U_c 与 i_L 无关连，即输出 U_c 中不含有 i_L 的信息，因此对 U_c 的检测不能确定 i_L。反之式(25-1)中 i_L 与 U_c 有耦合关系，即 U_r 的改变将同时控制 i_L 和 U_c 的大小。由于 i_L 与 U_c 的耦合关系，因而检测输出 U_c，能得到 i_L 的信息，即根据 U_c 的观测能确定 $i_L(\omega)$。

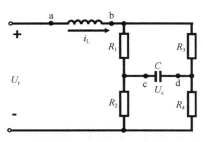

图 25-1　系统能控性与能观性分析
实验电路

【实验步骤】

(1) 打开信号与系统实验仪，将实验模块①插入实验仪的固定孔中。

(2) 按图 25-1 连接实验电路，其中 $R_1=R_2=R_3=1k\Omega$，$R_4=2k\Omega$。打开实验仪总电源开关。

(3) 在图 25-1 的 U_r 输入端输入一个阶跃信号，当阶跃信号的值分别为 1V、2V 时，用万用表的直流电压档观测并记录电路中电感和电容器两端电压 U_{ab}、$U_{cd}(U_c)$ 的大小。

(4) 当 R_3 取(通过短路帽进行切换)2kΩ，阶跃信号的值分别为 1V、2V 时，用万用表的直流电压档观测并记录电路中电感和电容器两端电压 U_{ab}、$U_{cd}(U_c)$ 的大小。

(5) 当 R_3 取 3kΩ，阶跃信号的值分别为 1V、2V 时，用万用表的直流电压档观测并记录电路中电感和电容器两端电压 U_{ab}、$U_{cd}(U_c)$ 的大小。

【实验报告要求】

写出图 25-1 电路图的状态空间表达式，并分析系统的能控性和能观性。

(仇　惠)

实验二十六　二阶系统的状态轨迹

【实验目的】

(1) 观察二阶有源网络在不同阻尼比 ξ 值时的状态轨迹。

(2) 熟悉状态轨迹与相应时域响应性能之间的关系。

【实验设备】

信号与系统实验仪，实验模块⑨，双踪慢扫描示波器。

【实验内容】

用李萨如图形观察该电路中两个状态变量 e 与 $\dot{e}$ 在 $\xi = 0$、$0 < \xi < 1$ 和 $\xi > 1$ 三种情况下的状态轨迹。

【实验原理】

二阶有源网络及其状态轨迹的观测实验电路图如图 26-1 所示。

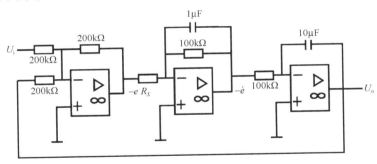

图 26-1　二阶有源网络电路图

实验时观察 e 与 $\dot{e}$ 两个状态变量在 $\xi = 0$、$0 < \xi < 1$、$\xi > 1$ 和 $\xi = 1$ 四种状态时的状态轨迹。

由系统的开环传递函数

$$G(s) = \frac{K}{s(0.1s+1)} = \frac{10K}{s(s+10)} = \frac{\omega_n^2}{s(s+2\xi\omega_n)} \tag{26-1}$$

求得　　　　　　　　　$\omega_n = \sqrt{10K}$，$2\xi\omega_n = 10$，$\xi\omega_n = 5$

(1) 当 $\xi = 0.707$ 时，$K = 5$，$R_x = 20\text{k}\Omega$。

(2) 当 $\xi = 0.5$ 时，$K = 10$，$R_x = 10\text{k}\Omega$。

(3) 当 $\xi = 1$ 时，$K = 2.5$，$R_x = 40\text{k}\Omega$。

(4) 当 $\xi = 0$ 时，$R_x = 100\text{k}\Omega$，$R_1 = \infty$（将惯性环节改为积分环节）。

(5) 当 $\xi > 1$ 时，$K = 3.2$，$R_x = 100\text{k}\Omega$。

【实验步骤】

(1) 打开信号与系统实验仪，将实验模块⑨插入实验仪的固定孔中。

(2) 参考图 26-1 组建一个典型的二阶有源网络，打开实验仪总电源开关，把"阶跃信号发生器"的输出端与图 26-1 的输入端相连，当按下"阶跃信号发生器"的阶跃按键时(调节可调电位器，使输出电压幅值为 1V), 用示波器观察在下列几种情况下图中 $-e$ 与 $-\dot{e}$ 两点(两点输出均需加反相器)的状态轨迹。① $R_x = 20\text{k}\Omega$; ② $R_x = 10\text{k}\Omega$; ③ $R_x = 40\text{k}\Omega$; ④ $R_x = 100\text{k}\Omega$; ⑤ $R_x = 100\text{k}\Omega$, $R_1 = \infty$。

【思考题】

为什么状态轨迹能表征系统(网络)瞬态响应的特征?

【实验报告要求】

(1) 绘制所观察到的各种状态轨迹, 并与计算结果相比较, 说明产生差别的原因。

(2) 根据实验观察到的各种状态轨迹曲线, 求出系统相应的超调量与稳态误差。

(3) 完成思考题。

(仇　惠)

实验二十七　调制与解调实验

【实验目的】

(1) 了解幅度调制和解调的原理。
(2) 观察调制波形。
(3) 掌握用集成模拟乘法器构成调幅和检波电路的方法。
(4) 掌握集成模拟乘法器的使用方法。

【实验设备】

信号与系统实验仪，幅度、频分复用调制实验模块，幅度、频分复用解调实验模块，双踪慢扫描示波器。

【实验原理】

在通信系统中，调制与解调是实现信号传递必不可少的重要手段。所谓调制就是用一个信号去控制另一个信号的某个参量，产生已调制信号。解调则是调制的相反过程，而从已调制信号中恢复出原信号。

信号从发送端到接收端，为了实现有效可靠和远距离传输信号，都要用到调制与解调技术。我们知道，所有要传送的信号都只占据有限的频带，且都位于低频或较低的频段内。而作为传输的通道(架空明线，电缆、光缆和自由空间)都有其最合适于传输信号的频率范围，它们与信号的频带相比，一般都位于高频或很高的频率范围上，且实际信道有用的带宽范围通常要远宽于信号的带宽。利用调制技术能很好地解决这两方面的不匹配问题。

傅氏变换中的调制定理是实现频谱搬移的理论基础，形成了正弦波幅度调制，即一个信号的幅度参量受另一个信号控制的一种调制方式。只要正弦信号(载波)的频率在适合信道传输的频率范围内，就可以在信道内很好的传输。

将频谱相同或不相同的多个信号调制在不同的频率载波上，只要适当安排多个载波频率，就可以使各个调制信号的频谱互不重叠，这样在接收端就可以用不同的带通滤波器把它们区分开来，从而实现在一个信道上互不干扰地传送多个信号，这就是多路复用的概念与方法。

用正弦信号作为载波的一类调制称为正弦波调制，它包含正弦波幅度调制(AM)，正弦波频率调制(FM)和相位调制(PM)。

用非正弦波周期信号作为载波的另一类调制称为脉冲调制，用信号去控制周期脉冲序列的幅度称为脉冲幅度调制(PAM)，此外，还有脉冲宽度调制(PWM)和脉冲位置调制(PPM)等。

调制与解调在通信中的作用，不仅在于解决了信号和信道之间频带的匹配问题以及提高信道的利用率，而且还有抗信道中干扰的作用，从而改善了信号传输质量的问题。

正弦波幅度调制与解调的方框图，见图 27-1。

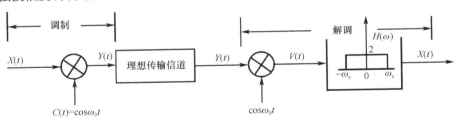

图 27-1　正弦波幅度调制与解调

图中 $X(t)$ 为调制信号，$C(t)$ 为载波信号，$Y(t)$ 为已调制信号，由上图可知

$$Y(t) = X(t)\cos\omega_0 t \qquad \text{或} \qquad Y(t) = X(t)\frac{e^{j\omega_0 t} + e^{-j\omega_0 t}}{2}$$

对上式同时取傅氏变换得

$$Y(\omega) = \frac{1}{2}[X(\omega+\omega_0) + X(\omega-\omega_0)] \tag{27-1}$$

如果 $X(t)$ 是带宽有限的信号，即当 $|\omega| > \omega_m$ 时，$X(\omega) = 0$，图 27-2 给出了调制频分相应点的频谱。由式(27-1)可知，用正弦波 $\cos\omega_0 t$ 进行调制，就是把调制信号的频谱 $X(\omega)$ 一分为二的分别搬到 $\pm\omega_0$ 处。只要 $\omega_0 > \omega_m$，$Y(\omega)$ 就是一个带通频谱。信号传输信道为理想信道，在接收端可以无失真地接收到已调信号 $Y(t)$。解调的任务是从 $Y(t)$ 中恢复出原始信号 $X(t)$。同步解调的原理就是用相同的载波再用一次调制。图 27-1 中 $Y(t)$ 的频谱为

$$Y(\omega) = \frac{1}{2}X(\omega) + \frac{1}{4}[X(\omega+2\omega_0) + X(\omega-2\omega_0)] \tag{27-2}$$

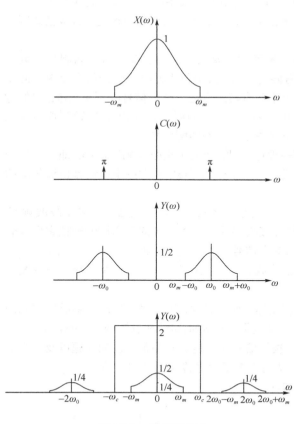

图 27-2　各点频谱图

频谱 $Y(\omega)$ 如图 27-2 所示。显然，若用一个截止频率为 $\omega_c(\omega_m < \omega_c < \omega_0)$ 的理想低通滤波器，在接收端可以完全恢复原信号 $X(t)$。应该指出，在实际的调制系统中，往往满足 $\omega_0 \gg \omega_m$，故接收端并不需要采用理想的低通滤波器，用一般的低通滤波器即可满足工程上的要求。通常把图 27-1 这样的调制与解调称为同步调制和解调，或称相干调制和解调。它要求接收端的载波信号与发送端完全同频同相，这样在一定程度上增加接收机的复杂性。

【实验内容与步骤】

(1) 分别将幅度、频分复用调制实验模块和幅度、频分复用解调实验模块插在实验仪的合适位置，打开实验仪左下角电源开关。

(2) 调节调制模块上的 RW1 电位器使"音频输出 1"输出频率为 570Hz 左右，调节 RW2 电位器使输出幅度为 5V 左右的正弦波；调节调制模块上的 RW6 电位器使"载波信号源"输出频率为 20kHz 左右，调节 RW4 电位器使"载波信号源"输出幅度为 10V 左右的正弦波。

(3) 用 2 号导线将调制模块上的"音频输出 1"与"音频输入 1"相连，将"载波输出"与"载波输入 1"相连，用双踪示波器分别观察"调幅输出 1"端口的波形。调节 RW11 电位器，使示波器中可以观察到有载波的调幅波(图 27-3)。

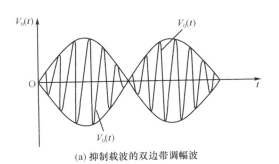

(a) 抑制载波的双边带调幅波

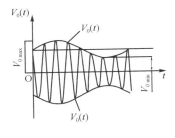

(b) 有载波的调幅波

图 27-3　调幅器输出的波形

(4) 用 2 号导线将"调幅输出 1"接到解调模块中的"调幅输入 1"上，将载波信号接到解调模块的"载波输入 1"上。用双踪示波器分别观察音频信号和"解调输出 1"信号并且记录波形，如果两个波形相差较大时，调节调制模块上的 RW11 和解调模块上的 RW3 使两波形相似。

(5) 同理可调节调制模块上的 RW9 电位器使"音频输出 2"输出频率为 1kHz 左右，调节 RW10 电位器使"音频输出 2"输出幅度为 5V 的正弦波；调节实验仪面板"函数信号发生器"使其输出频率在 40kHz 左右，幅度为 5V 的正弦波，按上述步骤做相应的调制解调实验。

【思考题】

为什么要对信号进行调制与解调？

【实验报告要求】

(1) 在坐标纸上记录音频信号、载波信号、调幅信号和解调信号的波形。

(2) 解释幅度调制的原理。

(3) 完成思考题。

(富　丹)

实验二十八 调制与解调 DSP 仿真实验

【实验目的】

(1) 学习 C 语言的编程。

(2) 掌握在 CCS 环境下的 C 程序设计方法。

(3) 熟悉用 C 语言开发 DSP 程序的流程。

【实验仪器】

信号与系统实验仪, 计算机(配有 CCS 2.0 版软件), DSP 仿真器。

【实验原理】

参见实验二十七的实验原理。

【实验内容与步骤】

1. 实验前准备

(1) 打开实验仪, 将 DSP 实验模块(SIN 为输入口, OUT 为输出口)插在实验仪的合适位置, 将 SW1 的 1、3、5、6 设为"ON", 2、4 设为"OFF"; SW302 的 1 设为"ON", 2 设为"OFF"。

(2) 正确完成计算机、DSP 仿真器和实验模块(J101)、实验仪的连接(参考实验八)。

(3) 打开实验仪左下角的电源开关, +15V、−15V、+5V、−5V 电源指示灯亮, 表明供电正常, 此时仿真器盒上的"红色小灯"点亮。

2. 运行 CCS2.0 软件

(1) 打开 PC 机界面下的 CCS2.0 软件, CCS 2.0 启动后, 用 Project/Open 打开""AM"目录下的"AM.pjt"工程文件, 双击"AM.pjt"及"Source"; 可查看各源程序, 认真阅读并理解各程序。

(2) 加载"AM.out", 单击"Run"运行程序, 如图 28-1 所示。

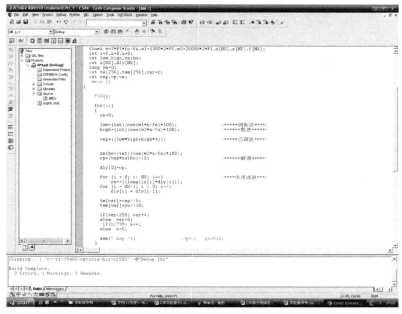

图 28-1 运行 CCS2.0 软件

（3）用 View/Graph/Time/Frequency 打开一个图形观察窗口；设置该观察图形窗口变量及参数；观察变量为 te 和 tem，长度为 512，数值类型为 16 位有符号整型变量，如图 28-2 所示。

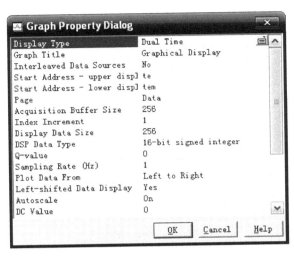

图 28-2　设置图形观察窗口参数

CCS 仿真图形如图 28-3 所示。te[var]=low(调制波); tem[var]=high(载波)。

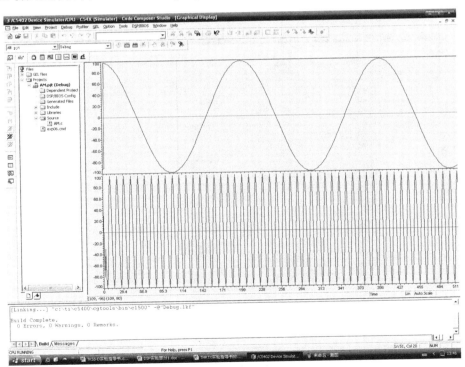

图 28-3　CCS 仿真图形——调制波及载波

CCS 仿真图形如图 28-4 所示。te[var]=vap(已调波); tem=vp(已调波与载波相乘)。

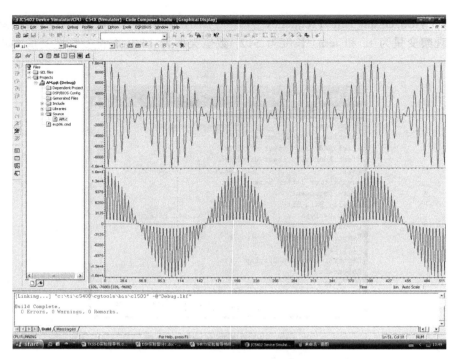

图 28-4　CCS 仿真图形——已调波及已调波与载波相乘

CCS 仿真图形如图 28-5 所示。te[var]=low(调制波); tem[var]=yn>>10(解调波)。

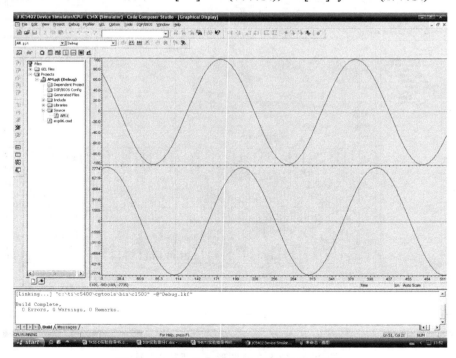

图 28-5　CCS 仿真图形——调制波及解调波

注: 在刷新过程中波形会出现突变现象, 是由于存储图形数据的数组中的数据不断变化结果, 属正常现象。

观察信号的频谱特性; 设置如图 28-6 所示。

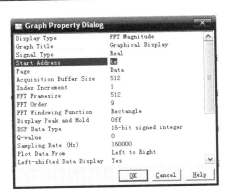

图 28-6　设置信号的频谱特性参数

CCS 仿真图形如图 28-7 所示。te[var]=vap(已调波)。

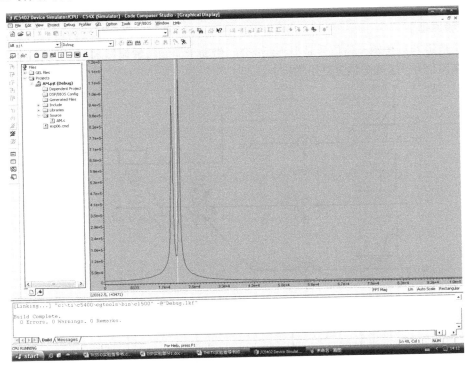

图 28-7　CCS 仿真图形——已调波

关闭窗口，本实验结束。

【思考题】

应用傅里叶变换的性质说明调制过程中搬移信号频谱的原理是什么？

【实验报告要求】

(1) 在坐标纸上记录音频信号、载波信号、调幅信号和解调信号的波形。

(2) 解释幅度调制的原理。

(3) 完成思考题。

(路雯静)

实验二十九　频分复用实验

【实验目的】

了解频分复用的原理和作用。

【实验设备】

信号与系统实验仪, 幅度、频分复用调制实验模块, 频分复用解调实验模块, 双踪慢扫描示波器。

【实验内容】

(1) 使用模拟乘法器构成幅度调制解调。

(2) 频分复用实验。

【实验原理】

一个信道若只传输一路信号是很不经济的, 借助于调制与解调技术, 可实现一个信道能同时传输多路信号, 这就是频分复用(图 29-1)。

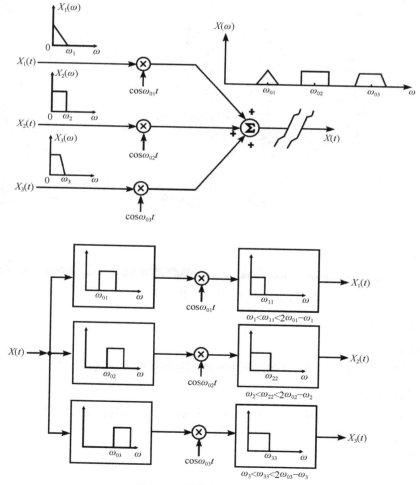

图 29-1　频分复用的原理图

设有 n 路信号，且每路信号的带宽都为 ω_n，显然，直接在一个信道中同时传送 n 路信号，接收端是无法将它们一一区分开来。为此，采用幅度调制技术，将多路信号分别调制到各自不同频率的载波上发送出去。然后，在接收端使用 n 个不同的带通滤波器，各滤波器的中心频率分别对应载波频率，这样就可实现把 n 路已调信号分离开，并进行解调和滤波，从而不失真地恢复出 n 路信号，如图 29-1 所示。

【实验步骤】

(1) 分别将幅度、频分复用调制实验模块和幅度、频分复用解调实验模块插在实验仪的合适位置，打开实验仪左下角电源开关。

(2) 调节调制模块上的 RW1 电位器使"音频输出 1"输出频率为 570Hz 左右，调节 RW2 电位器使输出幅度为 3V 左右的正弦波；调节调制模块上的 RW6 电位器使"载波信号源"输出频率为 20kHz，调节 RW4 电位器使"载波信号源"输出幅度为 6V 左右的正弦波；调节调制模块上的 RW9 电位器使"音频输出 2"输出频率为 1kHz 左右，调节 RW10 电位器使"音频输出 2"输出幅度为 3V 的正弦波；调节实验仪面板"函数信号发生器"使其输出频率在 40kHz 左右，幅度为 2V 的正弦波。

(3) 用 2 号导线将调制模块的"载波输出"接到"载波输入 1"处，将"函数信号发生器"输出接到"载波输入 2"处。将"音频输出 1"接到"音频输入 1"，将"音频输出 2"接到"音频输入 2"处。

(4) 调节调制模块上的 RW11 和 RW12，使"调幅输出 1"和"调幅输出 2"处的波形输出有载波的调幅波。

(5) 用 2 号导线将"调幅输出 1"和"调幅输出 2"分别接到加法器输入端(即调制模块的"调幅输入 1"和"调幅输入 2")；将"混频输出"分别接到"BPF 输入 1"和"BPF 输入 2"处；"BPF 输出 1"接到解调模块的"调幅输入 1"处；"BPF 输出 2"接到解调模块的"调幅输入 2"处，用双踪示波器观察"BPF 输出 1"和"调幅输出 1"的波形，调节解调模块的 RW1 使两波形相似，同理使"BPF 输出 2"和"调幅输出 2"的波形相似；分别将调制模块的"载波输入 1"和解调模块的"载波输入 1"连接；将调制模块的"载波输入 2"和解调模块的"载波输入 2"连接。

(6) 用双踪示波器观察"解调输出 1"和"解调输出 2"的波形，并且分别与音频信号 1 和音频信号 2 对比，可调节解调模块上的 RW1、RW2、RW3、RW4 和调制模块上的 RW11、RW12 分别使两路波形相似。

【思考题】

画出频分复用通信系统简图。

【实验报告要求】

(1) 在坐标纸上记录音频信号、载波信号、调幅信号、带通输出信号和解调信号的波形。

(2) 解释频分复用的原理。

(3) 完成思考题。

(富 丹)

实验三十　频分复用 DSP 仿真实验

【实验目的】

掌握频分复用的原理及应用。

【实验仪器】

信号与系统实验仪, 计算机(配有 CCS 2.0 版软件), DSP 仿真器。

【实验原理】

参见实验二十九的实验原理。

【实验内容与步骤】

1. 实验前准备

(1) 打开实验仪, 将 DSP 实验模块(SIN 为输入口, OUT 为输出口)插在实验仪的合适位置, 将 SW1 的 1、3、5、6 设为"ON", 2、4 设为"OFF"; SW302 的 1 设为"ON", 2 设为"OFF"。

(2) 正确完成计算机、DSP 仿真器和实验模块(J101)、实验仪的连接(参考实验八)。

(3) 打开实验仪左下角的电源开关, +15V、–15V、+5V、–5V 电源指示灯亮, 表明供电正常, 此时仿真器盒上的"红色小灯"点亮。

2. 运行 CCS2.0 软件

(1) 打开 PC 机界面下的 CCS2.0 软件, CCS 2.0 启动后, 用 Project/Open 打开"FDMA"目录下的"FDMA.pjt"工程文件, 双击"FDMA.pjt"及"Source"; 可查看各源程序, 认真阅读并理解各程序。

(2) 加载"FDMA.out", 单击"Run"运行程序, 如图 30-1 所示。

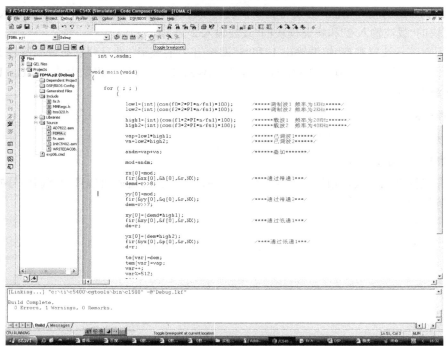

图 30-1　运行 CCS2.0 软件

(3) 用 View/Graph/Time/Frequency 打开一个图形观察窗口；设置该观察图形窗口变量及参数；观察变量为 te 和 tem，长度为 512，数值类型为 16 位有符号整型变量，如图 30-2 所示。

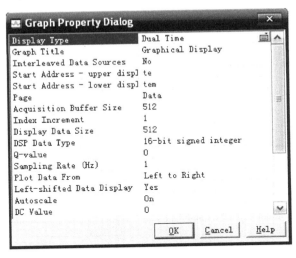

图 30-2 设置观察图形窗口变量及参数

CCS 仿真图形如图 30-3 所示。te[var]=low1(调制波); tem[var]=low2(载波)。

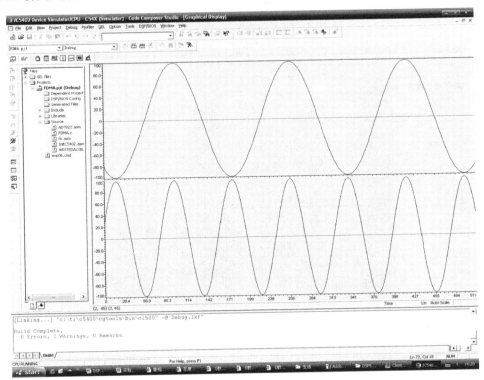

图 30-3 CCS 仿真图形(调制波、载波)

CCS 仿真图形如图 30-4 所示。te[var]=high1(载波 1); tem=high2(载波 2)。
CCS 仿真图形如图 30-5 所示。te[var]=vap(已调波 1); tem[var]=va(已调波 2)。

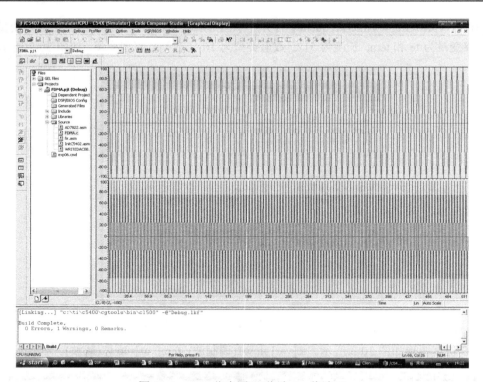

图 30-4　CCS 仿真图形(载波 1、载波 2)

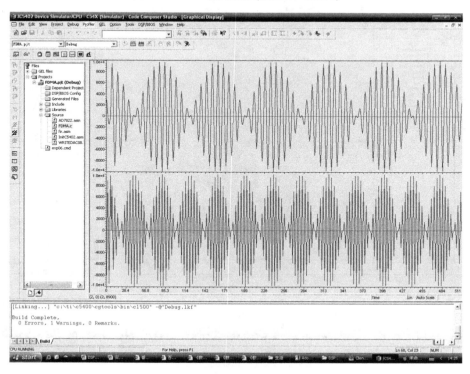

图 30-5　CCS 仿真图形(已调波 1、已调波 2)

CCS 仿真图形如图 30-6 所示。te[var]=andm(混频波); tem[var]=andm(混频波)。

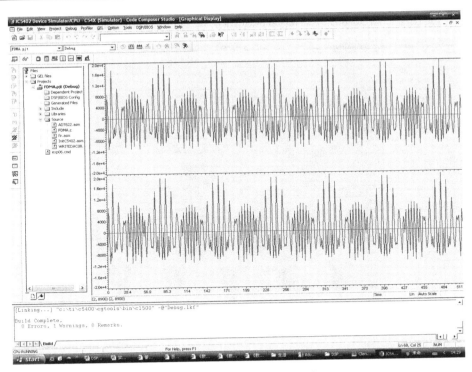

图 30-6　CCS 仿真图形(混频波)

CCS 仿真图形如图 30-7 所示。te[var]=demd(带通 1 输出); tem[var]=adem(混频波)。

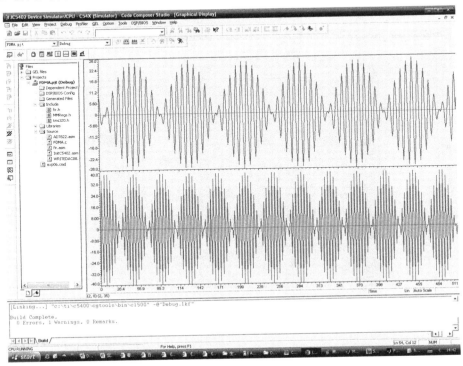

图 30-7　CCS 仿真图形(带通 1 输出、混频波)

CCS 仿真图形如图 30-8 所示。te[var]=xy[0](解调 1); tem[var]= yx[0](解调 2)。

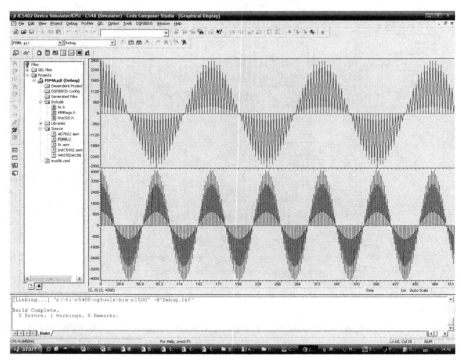

图 30-8　CCS 仿真图形(解调 1、解调 2)

CCS 仿真图形如图 30-9 所示。te[var]=de(低通输出 1); tem[var]=d(低通输出 2)。

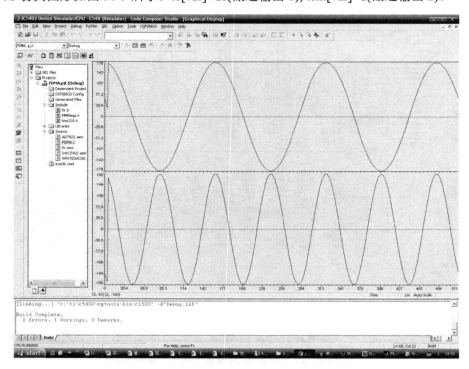

图 30-9　CCS 仿真图形(低通输出 1、低通输出 2)

CCS 仿真图形如图 30-10 所示。te[var]=low1(调制波 1); tem[var]=de(低通输出 1)。

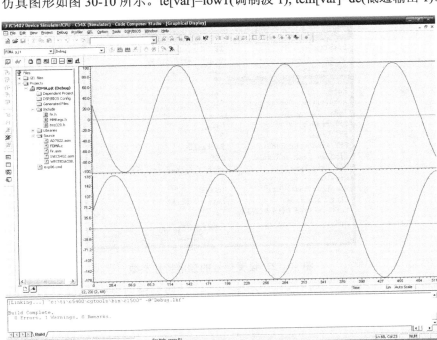

图 30-10　CCS 仿真图形(调制波 1、低通输出 1)

CCS 仿真图形如图 30-11 所示。te[var]=low2(调制波 2); tem[var]=d(低通输出 2)。

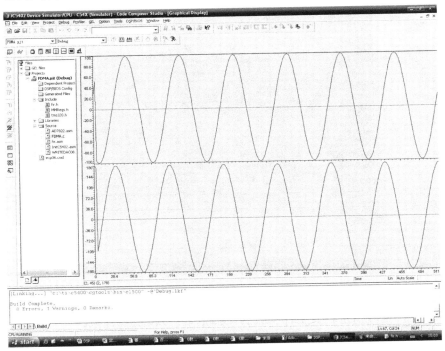

图 30-11　CCS 仿真图形(调制波 2、低通输出 2)

注: 在刷新过程中波形会出现突变现象, 是由于存储图形数据的数组中的数据不断变化结果, 属正常现象。

观察信号的频谱特性；设置如图 30-12 所示。

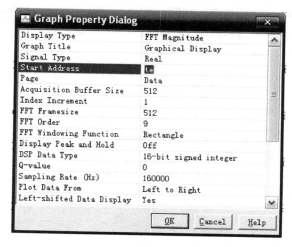

图 30-12　设置信号的频谱特性参数

频谱图如图 30-13 所示。te[var]=vap(已调波 1)；观察频谱搬移结果。

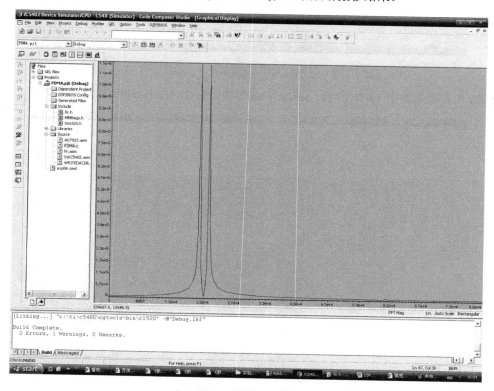

图 30-13　已调波 1 频谱图

频谱图如图 30-14 所示。[te[var]=va(已调波 2)；观察频谱搬移结果。

频谱图如图 30-15 所示。te[var]=andm(叠加波)；观察频谱搬移结果。

频谱图如图 30-16 所示。[te[var]=demd(通过带通 1)；观察频谱搬移结果。

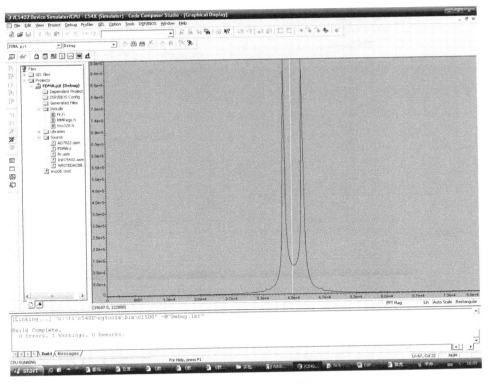

图 30-14 已调波 2 频谱图

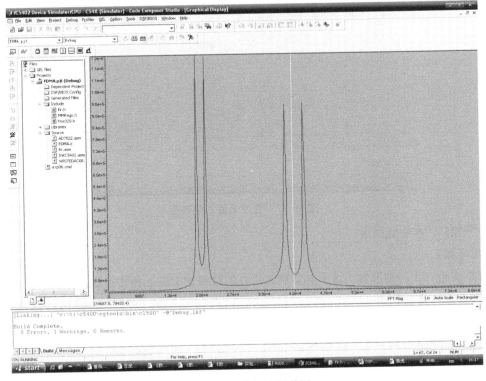

图 30-15 叠加波频谱图

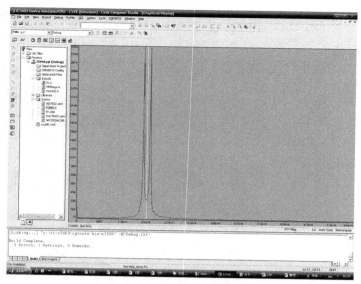

图 30-16　通过带通 1 频谱图

频谱图如图 30-17 所示。te[var]=dem(通过带通 2); 观察频谱搬移结果。

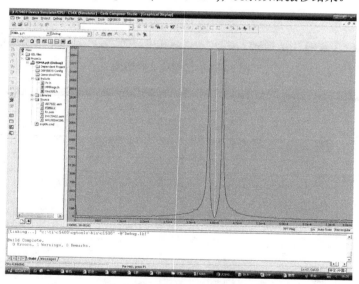

图 30-17　通过带通 2 频谱图

关闭窗口, 本实验结束。

【思考题】

分析实验三十的带通输出波形与实验二十九的带通输出波形相比有什么优点?

【实验报告要求】

(1) 在坐标纸上记录音频信号、调幅信号、带通输出信号和解调信号的波形。

(2) 在坐标纸上记录各个波形频谱。

(3) 完成思考题。

(王　红)

实验三十一 时 分 复 用

【实验目的】

(1) 了解数字复接系统的组成。

(2) 了解同步数字复接器的组成和工作原理。

(3) 了解帧同步器的原理。

(4) 掌握帧同步系统参数与帧同步系统性能的关系。

【实验设备】

信号与系统实验仪, 实验模块⑩, 双踪慢扫描示波器。

【实验内容】

(1) 复接定时产生。

(2) 支路信号产生。

(3) 信号复接。

(4) 分接定时。

(5) 信号分接。

(6) 帧同步捕捉与保护。

【实验原理】

在数字通信网中, 为了扩大传输容量和提高传输速率, 常常需要把若干个低速数字信号合并成为一个高速数字信号, 然后再通过高速信道传输。数字复接就是实现这种数字信号合并的专门技术。数字复接技术是数字通信网的一项基本技术。

数字复接系统包括数字复接器和数字分接器两部分。参见图 31-1, 数字复接器是把两个或两个以上的支路数字信号按时分复用方式合并成单一的合路数字信号的设备; 数字分接器是把一个合路数字信号分解为原来多个支路信号的设备。通常总是把数字复接器和数字分接器装在一起作为一个设备, 称为复接分接器, 简称为数字复接设备。

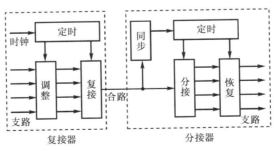

图 31-1 数字复接设备简图

数字复接器是由定时、调整和复接单元所组成; 数字分接器是由同步、定时、分接和恢复单元所组成。定时单元提供统一的基准时间信号。分接器的定时单元由接收的时钟来推动, 借助于同步单元的控制, 使得分接器的基准时间信号与复接器的基准时间信号保持正确的相位关系, 即保持同步。调整单元与恢复单元是对应的, 复接单元与分接单元是对应的。调整单元的作用是把各输入支路数字信号进行必要的频率或相位调整, 形成与本机定时信号完全同步的数字信号，然后由复接单元对它们实施时间复用形成合路数字信号；分接单元的作用是把合路单元数字信号实施时间分离形成同步支路数字信号，然后再通过恢复单元把它们恢复成为原来的支路数字信号。

如果复接器输入支路数字信号与本机定时信号是同步的，那么调整单元只需调整相位，有时甚至连相位也不必调整，这种复接器称同步复接器；如果输入支路数字信号与本机定时信号是异步的，那么调整单元要对各个支路数字信号实施频率和相位调整，使之成为同步数字信号，这种复接器称异步复接器。此时，调整单元大大简化，甚至可以去掉。本实验以同步复接器为例，说明数字复接的原理。

在时分复接系统中，为了使得分接器的帧状态相对于复接器的帧状态能获得并保持正确的相位关系，而且能正确的实施分接，在合路数字信号中必须循环插入帧定位信号。因此在合路数字信号中也就存在以帧为单位的结构。帧的定义是指一组相邻接的数字时隙，其中各数字时隙的位置可以根据帧定位信号加以识别，通常在一帧中包含以下内容：

(1) 帧定位信号：依照帧定位信号码组在帧中的位置分布，可以分为集中式帧定位信号和分散式定位信号。前者指它的各个码元占据相邻的时隙，后者指它的各个码元占据不相邻的时隙。本实验中采用了集中式帧定位信号。

(2) 信息位：传送的主要内容，各支路信息位彼此循环交织插入合路数字信号中。

(3) 信令和勤务数字：通信网中用于网络和设备控制管理的数字信号。在本实验中的合路帧信号中未包括这部分内容。

在本实验中的帧结构如图 31-2 所示：

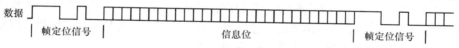

图 31-2 合路数字信号帧结构

在同步复接/分接设备中，能够正确实施分接的前提是分接器的帧状态必须与复接器的帧状态保持正确的相位关系，即必须保持帧同步。帧定位指的就是把分接器的帧状态调整到与复接器帧状态具有正确相位关系并且保持这种相位关系的过程，这种调整过程称为同步搜捕过程。

传统的同步搜捕方法有两种：逐码移位同步法和置位同步法。

逐码移位同步法的基本原理是调整接收端本地帧同步码的相位，使之与收到的信息码中的帧同步码对准。这种同步方法适用于帧同步码分散插入的情况。

在本实验中采用的是置位同步法，下面详细说明置位同步法的原理。

在接收端，在失步状态下，一旦从输入码流中检测到同步码组，立即对分接器的定时系统初始相位，经过随后 $\alpha-1$ 帧连续校核，若在该位置上连续检出码组图，就确定系统进入同步状态；系统在同步状态时，若连续 β 帧丢失同步码组，则进入失步状态，帧同步电路重新开始搜捕过程。对于以上的过程，其状态转移图如图 31-3 所示。其中 A 为同步态，D 为失步态，其他各状态为中间状态。帧同步系统的性能主要就是由同步码组长度 n，校核计数长度 α，保护计数长度 β 决定的。本实验中帧同步单元采用了 $\alpha=3$，$\beta=3$ 的三级保护和三级校核同步系统。

本实验系统由发送端的复接器和接收端的分接器两部分组成，系统模块图如图 31-4 所示。由于是同步复接系统，可以略去调整单元和恢复单元，增加了复接器中的支路信号产生单元和分接器中的支路信号输出路序选择单元。

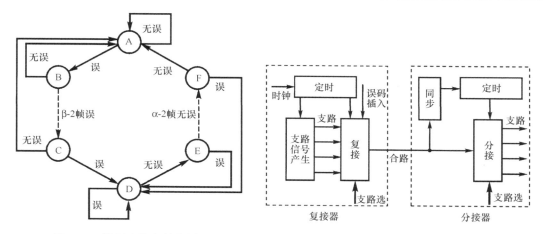

图 31-3　帧同步状态转移图　　　　图 31-4　数字多路传输实验系统模块

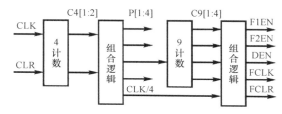

图 31-5　复接器定时单元模块图

1. 复接器　复接器由定时、支路信号产生和复接单元组成。

(1) 定时单元: 复接器定时单元模块图如图 31-5 所示。本单元提供支路信号产生和复接单元所需的时序信号。时钟频率为 2.000MHz。波形如图 31-6 所示:

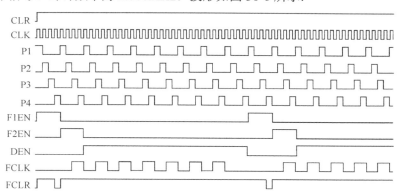

图 31-6　分接器定时信号波形图

本复接系统支路数为 4, P1-P4 分别为 4 个支路信号时隙。F1EN 和 F2EN 为帧定位信号所占 1~4 个时隙和 5~8 个时隙有效信号。DEN 为信息位时隙有效信号。FCLR 和 FCLK 为支路信号产生所需的清零和时钟信号。

(2) 支路信号产生单元: 本实验系统中, 共 4 个支路信号产生电路, 支路信号产生电路图不同, 产生的支路信号也不相同, 但是都以 7 个支路时钟为循环周期, 其波形如图 31-7 所示。

(3) 复接单元: 本单元不仅完成将 4 个支路信号合并为合路信号功能, 还完成以下功能:

1) 支路选择功能: 即可以根据选择 SEL 的状态选择支路信号合并后路序, 例如 SEL＝00000, 选择了支路信号 1 合并到合路信号的路序 1, 选择了支路信号 2 合并到合路信号的路序 2,

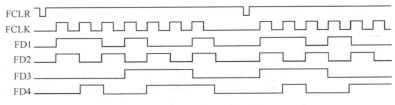

图 31-7　支路信号波形图

选择了支路信号 3 合并到合路信号的路序 3, 选择了支路信号 4 合并到合路信号的路序 4, 本实验设置了 24 种状态。

2) 误码插入功能: FRAME 为低时, 在发送的合路信号的帧定位码中插入 1 位误码, 以检测分接器的同步功能。在本实验中, 帧定位码为"1110 0100", 当 FRAME=0 时, 将帧定位码的最高位反转, 即帧定位码变为"01100100"。最后产生的全路信号如图 31-8 所示(注: 合路信号根据路序选择不同和 FRAME 的输入而不同, 图中给出为 SEL=00000, FRAME=1 的情况)。

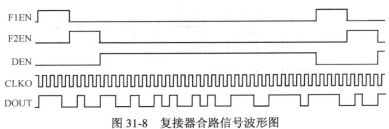

图 31-8　复接器合路信号波形图

2. 分接器

(1) 同步单元: 本实验中, 帧同步单元采用了 $\alpha=3$, $\beta=3$ 的三级保护和三级校核同步系统。检测帧定位信号, 得到合路信号的帧头位置信号 FPO。

(2) 定时单元: 本单元提供分接单元所需的时序信号, 波形如图 31-9 所示。

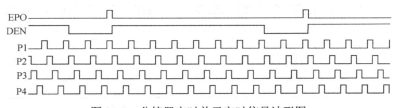

图 31-9　分接器定时单元定时信号波形图

本分接系统支路数为 4, P1-P4 分别为 4 个支路信号时隙。DEN 为信息位时隙有效信号。PCLK 为支路信号产生所需的时钟信号。

(3) 分接单元: 本单元不仅完成从合路信号中提取 4 个支路信号的功能, 还完成路序选择: 即可以根据选择 SEL 的状态选择支路信号合并后的路序, 例如 SEL=00000, 选择了支路信号 1 合并到合路信号的路序 1; 选择了支路信号 2 合并到合路信号的路序 2; 其余类同。本实验设置了 24 种状态。

4 个支路信号的波形图如图 31-10 所示。

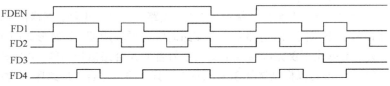

图 31-10　分接器支路信号波形图

【实验步骤】

准备工作: 打开信号与系统实验仪, 将实验模块⑩插入实验仪的固定孔中, 打开实验仪总电源开关。

1. 复接单元

(1) 复接器定时单元: 用示波器观测并记录一帧的定时单元输出时序信号, 把实验记录结果与图 31-2 相对照。

(2) 复接器支路信号产生单元: 用示波器观测并记录 4 个支路信号输出波形, 并注意与支路时钟信号的关系, 把实验记录结果与图 31-6 相对照。

(3) 复接器复接单元: 用示波器观察并记录合路信号输出波形, 注意帧定位码位置和码型, 比较合路信号中的各支路信息是否与支路信号相同, 改变路序选择控制, 再次观察合路信号输出波形, 分析复接的过程及方式。

将 FRAME 置为低, 观察合路信号输出波形有何变化, 记录该波形。

2. 分接单元

(1) 分接器同步单元: 将复接器合路信号和合路时钟输出连接到分接器合路信号和合路时钟输入, 面板上 OOF 管脚指示灯, 将 FRAME 重新置为高, 观测指示灯状态。观测指示灯亮时, FPO 信号与输入合路信号的时序关系, 观测并记录分接器的各定时信号。

(2) 分接器定时单元: 用示波器观测并记录一个周期的定时单元输出时序信号, 把实验记录结果与图 31-6 相对照。

(3) 分接器分接单元: 用示波器观察各支路信号输出波形, 注意各支路信号与支路时钟的关系, 改变路序选择控制, 再次观察各支路信号输出波形。检测复接器各支路信号与分接器各支路信号是否相同。

测试点见表 31-1。

表 31-1 测试点

发送部分			接收部分		
测试点	输入/输出	位置	测试点	输入/输出	位置
CLR	输入		DIN	输入	
FRAME	输入		CLKIN	输入	
SEL0	输入		SL0	输入	
SEL1	输入		SL1	输入	
SEL2	输入		SL2	输入	
SEL3	输入		SL3	输入	
SEL4	输入		SL4	输入	
CLKIN	输入	J1			
DOUT	输入	J0			
P1	输出	J2	OOF	输出	
P2	输出	J3	FPO	输出	J16
P3	输出	J4	FP1	输出	J17
P4	输出	J5	FP2	输出	J18
F1EN	输出	J6	FP3	输出	J19
F2EN	输出	J7	FP4	输出	J20
DEN	输出	J8	FD1	输出	J21
FCLK	输出	J13	FD2	输出	J22
FCLR	输出	J14	FD3	输出	J23
FD1	输出	J9	FD4	输出	J24
FD2	输出	J10	FDEN	输出	J25
FD3	输出	J11			
FD4	输出	J12			

复接信号输出见表 31-2。

表 31-2　复接信号输出

SEL	复接信号输出
0	1 1 0 0 1 0 0 1 0 1 0 0 1 0 1 0 0 1 1 1 0 0 1 1 1 1 0 1
1	1 1 0 0 1 0 1 0 0 1 0 0 1 0 0 1 0 1 1 1 0 0 1 1 1 1 1 0
2	1 0 1 0 1 0 0 1 0 0 1 0 1 1 0 0 0 1 1 1 0 1 0 1 1 0 1 1
3	1 0 0 1 1 0 1 0 0 0 0 1 1 1 0 0 0 1 1 1 0 1 1 0 1 0 1 1
4	1 0 1 0 1 1 0 0 0 0 1 0 1 0 0 1 0 1 1 0 1 0 1 1 1 0
5	1 0 0 1 1 1 0 0 0 0 0 1 1 0 1 0 0 1 1 1 0 1 1 0 1 1 0 1
6	1 1 0 0 0 1 0 1 1 0 0 0 0 1 1 0 1 0 1 1 0 0 1 1 1 1 0 1
7	1 1 0 0 0 1 1 0 1 0 0 0 0 1 0 1 1 0 1 1 0 0 1 1 1 1 1 0
8	1 0 0 1 0 0 1 1 0 0 0 0 1 0 1 1 1 1 0 0 1 1 0 1 0 1 1
9	1 0 1 0 0 0 1 1 1 0 0 0 0 1 1 0 1 1 0 1 0 1 0 1 0 1 1 0 1 1
10	1 0 1 0 0 1 1 0 1 0 0 0 0 0 1 1 1 0 1 0 1 0 1 0 1 1 1 0
11	1 0 0 1 0 1 0 1 0 0 0 0 1 1 1 1 0 0 1 1 0 1 1 0 1
12	0 1 1 0 0 1 0 1 0 0 1 0 1 1 1 0 1 0 1 1 1 0 0 1 0 1 1 1
13	0 1 0 1 0 1 1 0 0 0 0 1 1 0 0 1 1 1 0 1 0 0 1 0 1 1
14	0 1 0 1 0 1 1 0 1 0 0 0 1 1 0 0 1 1 1 0 1 0 0 1 0 0 1 1
15	0 1 1 0 0 1 0 1 0 1 0 0 1 0 1 0 1 1 1 0 1 1 0 0 1 0 1 1 1
16	0 0 1 1 0 1 1 0 0 1 1 0 1 0 1 1 0 1 1 1 0 0 0 1 1 1
17	0 0 1 1 0 1 0 1 0 0 1 0 0 1 1 0 1 1 0 1 0 0 0 0 1 1
18	0 1 1 0 1 1 0 0 0 0 1 0 0 1 0 1 1 0 1 1 1 0 0 1 1 1 1 0
19	0 1 0 1 1 1 0 0 0 0 0 1 0 1 1 0 1 0 1 1 1 0 1 0 1 0 1
20	0 1 0 1 1 0 0 1 0 1 0 0 0 0 1 1 1 1 0 0 1 0 1 0 1
21	0 1 1 0 1 1 0 0 1 0 1 0 0 0 0 1 1 1 0 1 1 0 0 1 1 1 1 0
22	0 0 1 1 1 0 1 0 0 0 0 1 0 1 1 0 1 1 0 1 1 1 0 0 1 0 1 1
23	0 0 1 1 1 0 0 1 0 0 1 0 0 1 0 1 1 1 1 0 1 1 0 0 1 0 1 1

【思考题】

(1) 数字复接系统由哪些部分组成，各部分的功能是什么？

(2) 帧定位码的选择应该注意什么？

(3) 同步系统应该具有什么样的性能？

【实验报告要求】

(1) 整理实验记录，画出相应的波形。

(2) 根据实验中帧同步电路的参数，计算系统平均捕捉时间和失步平均周期。

(3) 完成思考题。

（路雯静）